犬种大图鉴

（日）若山正之　著　梁国威　译

辽宁科学技术出版社

·沈阳·

本书主要由188种犬类图鉴和养犬知识两大部分组成。希望已经在养犬的你能够借助本书对爱犬有更深的了解，让生活更加丰富多彩。对于有养犬计划的人，则希望能从丰富的犬种介绍中找到自己心仪的爱犬。

本书的

本书的构成

188种犬类图鉴

养犬知识

P19~
100种人气犬类图鉴
详细介绍日本犬业协会（JKC）公开的《各犬种登记数》中前100名的犬类。

P189~
88种世界珍稀犬种集合
介绍来自世界各国的88种珍稀犬种。附有原产国、身高、体重等信息。

P92~
和狗宝宝一起生活，了解爱犬一生的饲养成本
迎接狗宝宝到来时，需做好心理准备并了解饲养爱犬一生所需成本。

P157~
守护爱犬的健康基础知识
介绍狗狗的易患疾病和日常护理方法，以及发生意外时的应急处理方法。

阅 读 方 法

本书介绍了100种人气犬种和88种世界珍稀犬种，配备了它们的详细资料。总结了各种犬类的性格、必要的运动量、训练程度等内容，供大家在养犬时参考。另外，还介绍了每种犬的祖先、犬种确立的历史背景等。

每 一 页 的 构 成

西施犬
[Shih Tzu]

被毛如丝般美丽，性格开朗，待人友好

西施犬以山而闻名四方。雌性、犬，1990年时日本JKC的注册数量名居榜首。一直很受欢迎，全身覆盖着丰满的被毛，常造出优美的体形。身体轻盈，但脊椎相对，肌肉发达。性格阳光，善于社交。对主人也很亲，露是孩子的玩伴。

饲养上要注意第一、第一、要进行适量运动。西施犬是长毛种体型，要隐蔽在室内的和益阳以及以短时间的数步。第二、毛发护理。为了保持毛发弹柔软，需要每天子细地梳理，可以用吹风机清洁。第三、温度管理。高温多湿的环境会给西施犬的呼吸系统带来负担。闷热也会使皮肤及其以加剧环境不通气的危险。

起源

介绍该犬种的祖先以及确定名称的过程。

驯养

依据不同犬种的性格总结了适合它们的训练方法。

按犬的体型分类

用图标标注了小、中、大型犬，一目了然。

日本犬业协会(JKC)排行榜

用醒目的字体标注了榜中名次。帮助你快速查找人气狗狗。

必要的运动量

星标数量越多表示每日所需运动量越大。

训练程度

星标数量越多表示该犬种对训练的配合程度和对指令的理解程度越高。

耐寒性

分为5个等级。2星以下的建议室内饲养。

状况判断力

主要表示在训练过程中对饲主指令的正确理解程度。

基本信息

介绍原产国、JKC注册数等基本信息。

易养程度

依据狗狗的性格、适应能力分成5个等级。

健康和协调性矩阵图

健康管理难易程度和协调性的图表，这在饲养过程中至关重要。

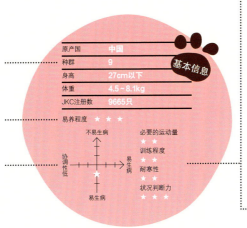

基本信息	
原产国	中国
种群	9
身高	27cm以下
体重	4.5~8.1kg
JKC注册数	9665只

易养程度　★ ★ ★

不易生病

必要的运动量
★ ★ ★

训练程度
★ ★

协调性低　　　　易生病

耐寒性
★ ★

状况判断力
★ ★ ★

易生病

犬种大图鉴
目录

CONTENTS

作者

若山正之　兽医师

兽医师。千叶县佐仓市若山动物医院院长。可以对犬、猫等宠物的病症做出准确诊断，并给出有效治疗建议，因此得到广泛认可。

院长若山正之（中）、医院工作人员大向纪子（左）、若山千明（右）。

若山动物医院
地址：千叶县佐仓市石川300
邮编：285-0813
e-mail：mail@dr-nyan.com
URL：http://www.dr-nyan.com/

7

犬由狼进化而来，却有着与狼不同的性格特征

自古就有犬是由狼进化而来的说法，但是对其进化过程却有很多不同的意见。瑞典的萨博莱年教授对犬和狼的DNA进行对比分析后得出了这样的结论："犬类的祖先是曾经生存于东亚地区的狼，从公元前15000年开始逐步进化成了犬。"2010年由来自美国的维因教授所率领的研究团队也提出了"中东地区的灰狼的遗传基因与近代以后的犬类的基因最为相似"的见解。

另外，还有一种说法是犬类由狼直接进化而来。动物行为学家道金斯指出："由狼进化为犬的过程中有可能存在中间物种。"

虽众说纷纭，但犬的祖先是狼这一点已经成为不争的事实。虽说犬与狼同源，但在漫长的进化过程中它们身上那些不被人类所喜爱的行为和性格逐渐消失，进化成与狼完全不同的生物。所以大家已经很难在犬的身上寻找到狼的影子。

Basic
Knowledge
Related
to a
Dog 犬
的
基础
知识

[起源]
Roots

Group

[种群划分]

可以根据犬的体型、
工作种类分为10个种群。

全世界的犬类可以根据其体型和被赋予的工作种类分为10个种群。各国以及各组织有着不同的分类方式，本书使用的是JKC（日本犬业协会）和FCI（世界犬业联盟）所使用的分类方法，将犬类分为以下10个种群。

介绍犬的起源、犬种的种群划分、身体结构、以及五感的作用等与犬相关的基础知识。在阅读图鉴之前，可以先了解一下。

第 1 种群

牧畜犬、牧羊犬种群。主要负责引导家畜的转移工作，包括牧羊犬、牧牛犬（瑞士牧羊犬除外）。

第 2 种群

主要负责看管家畜、捕鼠等工作。还包括继承了古罗马时期军犬血统的犬类，如獒犬、斗牛犬等。

第 3 种群

主要是被称为"梗"的小型猎犬。身形较小，适合钻进狭窄的巢穴驱除有害动物。外表可爱，但是善于活动,性格强势。

第 4 种群

腊肠犬。根据体型分为标准型和迷你型，根据毛质可分为短毛型、刚毛型和长毛型。

第 5 种群

包括嘴部较尖的斯皮茨犬和原始种类的犬类。博美犬、柴犬属于这一种群。

第 6 种群

依赖敏锐的嗅觉进行狩猎的猎犬为主的种群。包括米格鲁猎兔犬、巴吉度猎犬、大麦町犬等。

第 7 种群

被称为指示犬的猎犬种群。在猎鸟时负责寻找被击落的鸟。包括英国指示犬、爱尔兰红色蹲猎犬等。

第 8 种群

指示犬以外的猎物犬种群。负责回收猎物的寻回犬、回收落水猎物的水犬、追赶隐藏鸟类的猎犬属于本种群。

第 9 种群

赏玩犬种群。包含吉娃娃、贵宾犬、蝴蝶犬、西施犬等人气犬种。

第 10 种群

是依靠优秀的视觉和敏捷的速度追赶猎物的猎兽犬种群。包含阿富汗猎犬、俄罗斯猎狼犬等身材较为苗条敏捷的犬种。

Body

[身体结构]

犬随着生活模式和被赋予任务的变化，身体的结构也发生了改变。

在由狼进化为犬的过程中，犬被赋予了各种工作，协助主人狩猎、管理家畜、捕捉老鼠等。根据其任务种类的不同，犬的体型和身体结构都逐渐地发生变化。由于饮食习惯变为和人类一样的杂食，因此内脏的功能也发生了改变。在此我们介绍一下犬的身体结构和各部位的名称。

各部位的名称

记住犬身体各部位的名称，在今后的养犬生活中会很方便。

记住犬身体各部位的名称，在犬生病或受伤而就医时就可以向兽医正确地描述犬的状态。另外，在购买宠物航空箱的时候如果知道犬的身高和长度，就会很方便。

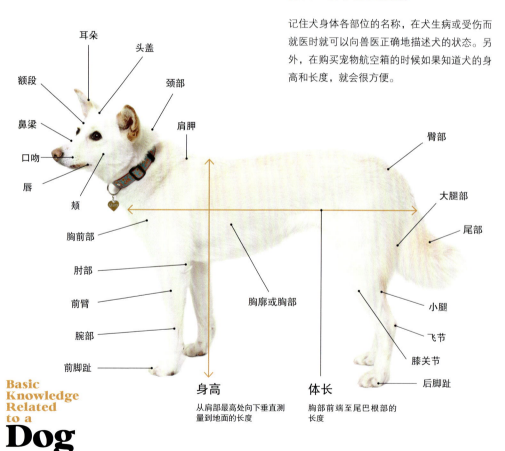

- 耳朵
- 头盖
- 颈部
- 额段
- 肩胛
- 鼻梁
- 口吻
- 唇
- 颊
- 胸前部
- 肘部
- 前臂
- 腕部
- 前脚趾
- 臀部
- 大腿部
- 尾部
- 小腿
- 飞节
- 膝关节
- 后脚趾

身高
从肩部最高处向下垂直测量到地面的长度

体长
胸部前端至尾巴根部的长度

胸廓或胸部

骨骼的名称

不同犬种的骨骼大小会有差异，但骨骼数量是相同的。

犬的骨骼大小依据
犬种的不同存在差
异，它们的生长速
度也不同。但不论
大型犬还是小型犬
其骨骼数量是相
同的。

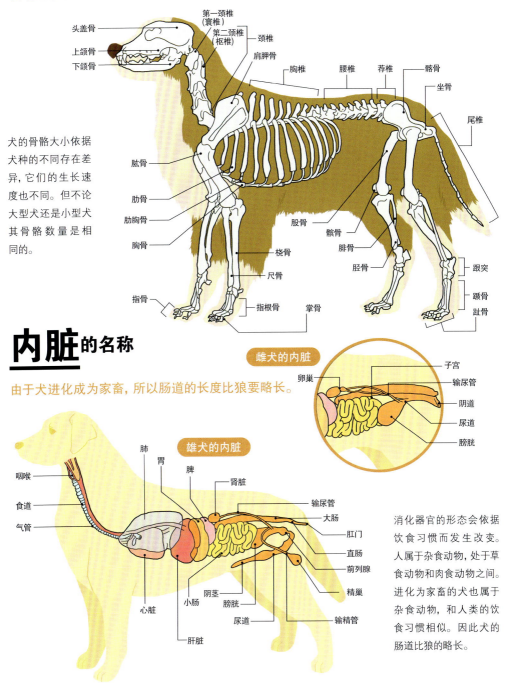

第一颈椎
（寰椎）
第二颈椎
（枢椎）
颈椎
头盖骨
上颌骨
下颌骨
肩胛骨
胸椎
腰椎
荐椎
髂骨
坐骨
尾椎
肱骨
肋骨
肋胸骨
胸骨
桡骨
尺骨
指骨
指根骨
掌骨
股骨
髌骨
腓骨
胫骨
跟突
蹠骨
趾骨

内脏的名称

由于犬进化成为家畜，所以肠道的长度比狼要略长。

雌犬的内脏

卵巢
子宫
输尿管
阴道
尿道
膀胱

雄犬的内脏

肺
胃
脾
肾脏
咽喉
食道
气管
输尿管
大肠
肛门
直肠
前列腺
精巢
输精管
心脏
肝脏
小肠
阴茎
膀胱
尿道

消化器官的形态会依据
饮食习惯而发生改变。
人属于杂食动物，处于草
食动物和肉食动物之间。
进化为家畜的犬也属于
杂食动物，和人类的饮
食习惯相似。因此犬的
肠道比狼的略长。

Senses

[五感的作用]

了解狗五感的作用可以增进信赖关系。

在学习狗的身体结构的同时了解视觉、听觉、嗅觉等五感的作用也是非常重要的。狗的五感灵敏度远远超过人类。如果能够理解狗的五感和作用，就可以理解狗的各种行为。了解了狗擅长和不擅长的事情就可以站在狗的立场思考问题，进行良好的沟通，最终获得良好的信赖关系。

理解狗和人类在视觉上的差异

在视觉上，狗和人类相比有优势，也有劣势。我们常认为狗看到的和我们一样，但其实并不是这样。

狗的眼睛不善于聚焦，因此看不清楚

狗需要距离33cm以上才能聚焦，因此看不清近处的物体。

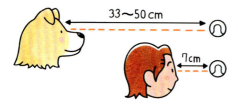

狗眼中的世界并非五彩斑斓

狗的视网膜中用于辨别颜色的锥形细胞较少，所以无法分辨出某些颜色。一般认为狗可以分辨出蓝色、绿色、白色、黑色和灰色等。

Basic Knowledge Related to a Dog

狗拥有优秀的听觉，可以捕捉到细小声音和高频音

狗的听觉发达，可以听见人类听不见的细小声音以及高频音。要知道它们对蚊音是很敏感的。

狗可以分辨出32个方向的声音

一般来说，人类最多可以分辨出16个方向的声音。但是狗可以辨别出32个方向的声音。狗耳部的肌肉非常发达，可以针对声音的来源对耳朵做出细微的调整。因此可以听见很细小的声音。

狗可以听到人类可以听见的1/6响度的声音

狗可以捕捉到人类可以听到的最小音量的1/6响度的声音。由于对声音非常敏感，因此声音太大它们就会害怕。打雷、鞭炮、汽车鸣笛等声音都会让它们感到害怕。

＝ 嗅觉

狗的嗅觉非常发达，可以靠气味收集信息

比起视觉，狗更依赖嗅觉。散步时会不断地嗅地面就是在寻找气味，并借此收集其他狗所留下的气味中所包含的信息。

狗鼻子里用于感知气味的黏液的面积远大于人类

鼻腔中有一个叫作嗅上皮的部位，可以用来感知气味。狗的嗅上皮的面积是人类的6~50倍，因此狗的嗅觉是人类的1000~1亿倍。数值之所以有很大的跨度，是因为狗对不同种类的气味的敏感程度有所不同。

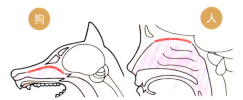

面积=18~150cm^2
不同犬种会有所差异，但一般来说犬的口吻越长，嗅上皮的面积就越大。

面积=3~5cm^2
相对于体积来说人类嗅上皮的面积很小，大概是一元硬币的大小。嗅觉细胞的数量也比狗少很多。

靠锄鼻器感知荷尔蒙的气味

狗除了鼻子，还有一个可以闻出荷尔蒙气味的器官——锄鼻器。雄犬依靠锄鼻器感知雌犬所释放出的荷尔蒙的气味。这个器官在上颚的牙齿内侧。

 ＝ 味觉

狗的味觉比较迟钝，感知不到苦和香的味道

狗的味觉劣于人类。舌头上的味蕾的数量约是人类的1/5。味蕾集中于舌前部，因此即使能感知到甜、咸、酸的味道也感知不到苦和香的味道。

比起味道更在乎气味

狗对味道并不敏感，但对食物所释放出的气味却会表现出强烈的反应。所以很多狗狗会喜欢气味浓重的芝士等食物。

 ＝ 触觉

狗通过脚底的肉垫降低冲击力和调节体温

狗通过脚底的肉垫获得与地面接触的触感。肉垫可以吸收冲击力，同时也是重要的排汗器官，是非常敏感的部位。

肉垫很敏感！也很容易受伤！

脚底的肉垫是皮肤角质化后形成的，支撑着全身的体重，受伤后不容易治愈。每次散步后都要检查一下有没有伤口！

4、5、6……
大家都到齐了！

开饭啦

有点儿硬呀！

狗宝宝的一天

One day of a puppy

狗宝宝们的生活丰富多彩。
吃饭、散步，快乐的每一天。

给我尝尝！

别抢我的！

出去玩喽

去哪里？

啊……
好舒服……

再往里挤一挤呗！

好像有动静！

返程让我开车吧！

15

这是神马？

可以再高一点儿哦！

看得好远啊！

该换我啦！

玩耍

一起玩啊？

16

好舒服呀……

总待着不动，我好像又胖了……

嗯嗯。

你看得懂吗？

Oneday of a puppy

放松

睡觉

ZZZ……

啊（打哈欠）

这个位置真好！

17

本 书 的 使 用 方 法

本书可以从多种角度搜索你要找的狗狗。
参考下面的方法找到它吧！

按人气犬种搜索

想看看大家都在养哪种狗狗？可以参考JKC的人气榜。从第19页开始按名次排列。

按易养程度搜索

易养程度与狗狗的性格以及健康管理的容易程度相关。新手铲屎官可以从星标多的狗狗中选择。

按狗狗体型大小搜索

如果不能给狗狗提供适合它们体型的居住环境，它们会感到压抑。根据居住条件选择适合你的狗狗吧。

按原产国搜索

基本信息中包含了原产国。选择一只原产于你喜欢的国家的狗狗也很有趣！

第一章

100种
人气犬种图鉴

1~30

名　　名

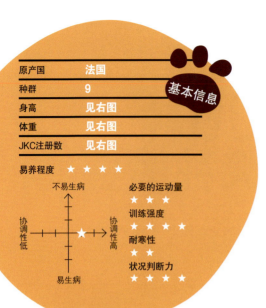

	原产国	法国
	种群	9
	身高	见右图
	体重	见右图
	JKC注册数	见右图

易养程度　★ ★ ★ ★

不易生病

必要的运动量
★ ★ ★

训练强度
★ ★ ★ ★ ★

协调性低　协调性高

耐寒性
★ ★ ★ ★ ★

状况判断力
★ ★ ★ ★ ★

易生病

身高	体重	JKC注册数
标准型		
43～62cm	23～25kg	825只
中等		
38～45cm	15～19kg	111只
迷你		
28～38cm	6.5～7.5kg	89只
玩具型		
28cm以下	3kg左右	86413只

1

名

贵宾犬
[Poodle]

被毛

单层、卷毛。其毛发遇水后易干，所以曾被用作水鸟回收犬。毛色为单色，有银白色、奶油色等。

体型

如右上图所示，根据体型可分为4种。4种类型都具备体型匀称、四肢纤细的特征。

头部

头部基本呈圆形。眼睛为杏仁形。口吻细长。耳朵大，垂向颈部。毛量丰富。

尾巴

尾巴较粗，尾根部较高且直立。可以只留下尾巴末梢的毛，最后剔除其余的并修剪成可爱的球形。

小型犬

根据体型分为4种类型，玩具型贵宾犬人气最高

贵宾犬在JCK的注册数量自2008年起一直保持首位，成为爱犬人士的首选。贵宾犬根据体型分为4种类型，其中玩具型贵宾犬人气最高。贵宾犬注册总数中九成属于玩具型贵宾犬。

贵宾犬作为宠物狗深入人心。其祖先的主要工作是负责回收水鸟，当时为了使贵宾犬便于游泳，大胆地剪短了被毛。但如果将全身的毛发全部剃光则无法保持体温。因此，当时的贵宾犬只保留了胸部和关节处的毛发参与狩猎。它们独特的形象受到当时贵族们的关注，后来便将它们作为宠物犬进行饲养。之后贵族们开始对贵宾犬的外形格外重视，逐渐出现了现在宠物秀中的多样的修剪方式。

在家庭中饲养贵宾犬时为了保持其美丽的毛发，需要每天对毛发进行护理和定期修剪。贵宾犬有超过100种的修剪样式。可以根据不同的季节和自己的喜好进行修剪。虽然护理毛发有些费事，但是贵宾犬有一个特点就是不容易掉毛。因此即使是过敏体质的人也可以放心饲养。

贵宾犬的聪明在所有犬类中是数一数二的。4种类型的贵宾犬在性格上略微有所差异，但都非常聪明伶俐。可驯性好，可以去挑战一下犬类运动项目。感觉灵敏，容易兴奋，属于适合新手饲养的家庭犬。

（ 驯养 ）

4种类型的贵宾犬在性格上略微有所差异，无法一概而论。但总体上属于非常聪明的犬种。有强烈的训练欲望，可以很快地记住主人的指令。但是由于太过聪明，如果主人不能由始至终按照同样的方式下达指令，或者对它过于宠溺，它可能会有所反抗。

（ 起源 ）

贵宾犬是自古以来就生存于欧洲各地的犬种，确切的起源不详。有一种说法是有人将德国的水猎犬带入法国，通过改良之后进化为现在的样子。由于受到贵族的青睐，开始对其进行小型化改良，于18世纪诞生了玩具型贵宾犬。

两只成为警犬的贵宾犬

日本警犬协会指定的警犬品种有包括杜宾犬在内的7种。其他犬种通过考试也可以作为兼职警犬。贵宾犬虽然给人以宠物犬的印象，但是在2011年，日本鸟取县的两只贵宾犬就成功通过了警犬考试。由于身形较小，它们可以在大型犬无法进入的狭窄场所完成任务，因此被人们寄予厚望。另外，贵宾犬由于其可爱的外表在警察局举办各项活动中也受到大家的喜爱。

花絮

关于贵宾犬的小故事

电影节上获奖的失明贵宾犬

戛纳国际电影节有一项授予演技最佳狗狗的奖项，虽然不属于电影节正规奖项，但是受到了很高的关注。2013年获得该奖的是一只贵宾犬，它出演的是一部描写世界著名钢琴家晚年生活的影片，饰演一只陪在钢琴家身边的失明狗狗。虽然它视力确实存在问题，但它出色的演技充分显示了它的聪慧。

原产国	墨西哥
种群	9
身高	15~23cm
体重	0.5~3kg
JKC注册数	58954只

易养程度 ★ ★ ★

必要的运动量
★

训练强度
★

耐寒性
★ ★

状况判断力
★ ★

不易生病

协调性低 ← ★ → 协调性高

易生病

2 名

吉娃娃
[Chihuahua]

被毛
吉娃娃分为短毛型和长毛型两种。短毛型拥有极富光泽感的短毛，长毛型的被毛则好似丝线。毛色有白色、巧克力色等。

体型
吉娃娃是现在公认的体型最小的犬种。虽然身形娇小，但肌肉紧实。胸部和四肢发达，尤其后腿强而有力。

头部
前额像苹果一样圆润。口吻短小，眼睛大而圆。耳朵大且直立，平时会折耳，但警戒时会直立起来。

尾巴
长短适中，向上弯曲。短毛型吉娃娃尾巴毛很短，长毛型的尾巴上有很长的饰毛。

小型犬

所有犬种中体型最小。
根据被毛长短分为两种类型

吉娃娃是现在公认的所有犬种中体型最小的犬种。性格开朗活泼，容易饲养。以日本和美国为中心在全世界都拥有很高的人气。

吉娃娃根据被毛长短分为两种类型。一种为长毛型，尾巴和耳朵周围有很丰满的饰毛，给人以高贵的印象；另一种为短毛型，被毛短而浓密，富有光泽。两种类型的吉娃娃在性格上没有显著差异。

这种世界上最小的犬种非常适合在日本的居住环境中饲养。饲养时需要注意两点：一是温度管理，吉娃娃不耐严寒，冬季遛狗需要给它穿上衣服。另外吉娃娃耐热性也很差，因此不要在室外饲养。二是吉娃娃骨骼纤细，容易受伤，即使从不高的台阶跳下也有可能会骨折。有的吉娃娃的头盖骨顶端即使成年后也不会闭合。因此遛狗时需注意不要让它钻到低处，以免撞到头部。

吉娃娃性格活泼好动，心思缜密。对主人会亲近接触，但对陌生人会保持距离。独立性强，成年后可以独自在家。若幼犬时期能够训练它不要乱叫，那么在住宅楼中饲养也没有问题。但是前面也提到过吉娃娃骨骼脆弱，为了避免独自在家时发生危险，还是要减少室内的台阶，并用栅栏将它与楼梯隔离。

(**驯养**)

吉娃娃有主见。过分溺爱的话会有反抗性。饲主从幼犬期开始就要对狗进行训练，确立并使其理解上下级关系。另外，吉娃娃有我行我素的一面，因此要坚持长期耐心驯导，避免强硬训斥。

(**起源**)

吉娃娃的祖先是生活在墨西哥的特奇奇犬。是当时的墨西哥人将特奇奇犬与中国冠毛犬交配后产生的。现在的吉娃娃是1850年被带入美国的，小型化改良后的产物。

吉娃娃与阿斯特卡人

　　吉娃娃原产于墨西哥, 至今仍流传着一些相关的传说。阿斯特卡人支配着14世纪末的墨西哥, 他们的文明有着很多的仪式。吉娃娃是这些仪式上的重要角色。只有红色被毛的吉娃娃才有资格作为神犬成为祭品祭献给死者。墨西哥人认为死者的罪恶可以随着红色吉娃娃的遗体一同燃烧, 从而逃脱神灵的惩罚。

花絮

吉娃娃的小故事

美国流浪吉娃娃数量增加的原因

　　墨西哥的食物墨西哥饼在美国也颇受欢迎。美国最大的墨西哥饼连锁店在20世纪90年代末用了同样原产于墨西哥的吉娃娃作为吉祥物出演广告。一则由短毛吉娃娃操着墨西哥口音说英语的广告在大街小巷流传开来。随后带有吉娃娃形象的商品不断涌现, 很多普通家庭开始饲养吉娃娃。可是这股热潮过后便有很多吉娃娃被遗弃, 成为社会问题。

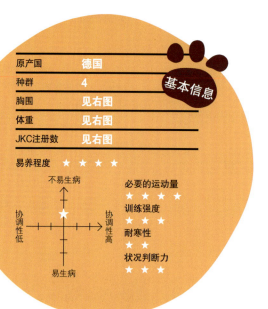

胸围	体重	JKC注册数
标准型		
35cm以上	9～12kg	66只
迷你型		
30~35cm	4.5~4.8kg	27314只
兔型		
30cm以下	3.2～3.5kg	5803只

基本信息

原产国	德国
种群	4
胸围	见右图
体重	见右图
JKC注册数	见右图

易养程度 ★ ★ ★ ★

不易生病

协调性低 ←———— 协调性高

易生病

必要的运动量
★ ★ ★ ★ ★

训练强度
★ ★ ★

耐寒性
★ ★

状况判断力
★ ★ ★

3 名

腊肠犬

[Dachshund]

尾巴

位于脊椎的延长线上，直线型，末端细。长毛型尾部被毛丰富，呈三角形。刚毛型呈绳状。

被毛

长毛型被毛呈现波浪形丝线状。短毛型被毛柔软富有光泽。刚毛型被毛粗硬，眉部及下颌有饰毛。

体型

体长约是身高的两倍，是所有犬类当中躯干最长的品种。前腿比后腿略短，从侧面看由前至后平缓倾斜。躯干和四肢肌肉发达。

头部

呈楔子形，有平缓的弧度。口吻长，鼻子略大。眼睛呈杏仁形。耳朵宽，垂至颈部。

小型犬

根据身型及被毛状态
分为9种类型

腊肠犬作为注册犬种只有1种，但其身型和被毛类型各有3种，因此可以细致划分出共计9种类型。身型上从大到小有标准型、迷你型、兔型3种。一般来说，犬的身型是根据身高进行划分的，但腊肠犬却是以胸围为标准进行划分。因为腊肠犬曾被用于追赶洞穴中的猎物，通过测量胸围可以判断它可以钻进多大的洞穴。可以钻入大洞穴的被用于捕捉獾，可以钻进小洞穴的便被用于捕捉兔子、貂等小型动物。

按被毛类型可以分为长毛型、短毛型和刚毛型。腊肠犬的性格与被毛类型有关。长毛型的较温厚，爱撒娇。短毛型的活泼，好亲近人。而有着梗犬血统的刚毛型腊肠犬好奇心旺盛，性格强势。总体上3种类型都很活泼，能够成为家庭中受大家宠爱的一员。

喜欢腊肠犬的人一开始都是被它身长腿短的独特外形所吸引。但是在实际的饲养过程中这种体型也会带来一些问题，因此需要注意。最常见的就是脊椎的问题。如果腊肠犬运动量不足，躯干周围的肌肉就会减少，无法支撑过长的脊椎，导致无法行动。其次，肥胖会加大脊椎的负担，容易患上椎间盘疝等疾病。腊肠犬是新手也很容易饲养的类型，但是需要注意必须给予适当的运动和饮食管理。

(驯养)

腊肠犬的性格与被毛类型有关。总的来说，腊肠犬属于比较聪明的类型，其中长毛型腊肠犬性格比较稳重，新手也比较容易训练。但是腊肠犬具有顽皮和强势的一面，要注意不可过于溺爱。

(起源)

腊肠犬在古埃及、古罗马时期就已经存在。但其真正的起源不详。腊肠犬曾被用于捕捉獾和狐狸，后来为了用于捕捉兔子和貂等小型动物而对其进行了小型化改良，才有了今天腊肠犬的样子。

有助于减肥的营养元素

腊肠犬一旦肥胖就会对脊椎造成负担，必须引起重视。因此非常有必要了解一下有助于减肥的营养元素。首先是维生素B_1和B_2，它们可以促进糖分和脂肪的代谢，糙米和玉米富含维生素B_1。而猪、牛的肝脏中则含有大量的维生素B_2。其次摄取足够的食物纤维也非常重要，可以带来强烈的饱腹感，防止过度饮食。牛蒡和卷心菜都是富含食物纤维的食材，要积极给予，以便控制体重。

花絮

关于腊肠犬的小故事

为什么刚毛型腊肠犬有眉毛和胡子？

现在的腊肠犬根据被毛状态可以分为3种类型，但最初只有1种，就是短毛型。当时的腊肠犬被用于狩猎，短毛型腊肠犬在狩猎时很容易被荆棘刮伤皮肤。因此，人们让其与其他犬种交配，培育出了长毛型腊肠犬和刚毛型腊肠犬。刚毛型腊肠犬是与丹迪丁蒙梗杂交而来的，因此眉毛和胡须部的毛发比较浓密。

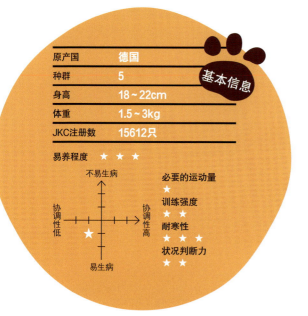

原产国	德国
种群	5
身高	18～22cm
体重	1.5～3kg
JKC注册数	15612只

易养程度 ★ ★ ★

不易生病

协调性低 ← → 协调性高

★

易生病

必要的运动量
★

训练强度
★ ★

耐寒性
★ ★ ★

状况判断力
★ ★

4 名

博美犬
[Pomeranian]

头部
呈 V 字形。前额宽，略突出。口吻短、尖。鼻子以黑色为佳。耳朵直立，呈小三角形。

被毛
双层被毛。底毛柔软、丰富，上层长毛呈放射状。颈部周围有粗鬃毛。尾部和四肢有丰富的饰毛，毛色以橙色和奶油色为主。

尾巴
位置较高，向背部弯曲。尾部覆盖着棉絮状被毛，好像背着一个毛球。

体型
整体肌肉紧实，但隐藏于被毛中不易观察到。骨骼强度较弱。前腿长度适中，整体体态匀称。

小型犬

可爱的外表下隐藏着勇敢的性格。毛量大，要注意防暑

博美犬是小型犬，头部周围有着好似雄狮的鬃毛，是世界著名的伴侣犬。但据说博美犬曾拥有大型犬的壮硕体型，也许是出于这个原因，博美犬才会有着与外表极其不符的勇敢性格。另外，博美犬戒备心强，对很小的声音也会做出激烈的反应，通过叫声提醒主人。因此它们是非常优秀的看门犬。但是如果不加以训练，就会见人就叫，住在集体住宅的饲主需要格外注意。

博美犬具有萨摩耶犬的血统，双层被毛可以抵御严寒，因此比较耐寒。但是非常怕热，夏季在室外饲养博美犬是非常危险的，要将其移至有空调的室内。另外，丰富的被毛打理起来也很麻烦。博美犬毛发细，容易打结，每天都要对其进行梳理。尤其是每年两次的换毛期，底毛会大量脱落，这时就要更加细心地梳理。

博美犬比较皮实，寿命较长。只要注意运动和饮食就基本很少有健康上的问题。在实际的饲养过程中需要注意两点。第一，博美犬骨骼脆弱。即使从不高的台阶上跃下，也有可能会造成骨折。第二，博美犬易患牙齿疾病。如果牙齿过早脱落就无法正常饮食，从而加速衰老。要给予有助于牙齿健康的食物，并定期检查牙齿。

（ 驯养 ）

博美犬戒备心强，对声音敏感，爱叫。要从小训练它不要过度兴奋。并且让它多经历、体验、适应各种声音，有助于形成稳重的性格。另外，博美犬喜欢咬东西，发现时要及时制止。

（ 起源 ）

博美犬的祖先是拥有北方丝毛犬系的萨摩耶犬，曾被用于保护羊群。之后在德国博美地区被小型化改良后培育出今日的博美犬。18世纪英国维多利亚女王曾饲养博美犬，使博美犬受到了英国人的喜爱。

一只活到24岁的雄性博美犬

　　博美犬的寿命较长，一般是12~16岁。但是活到20多岁的博美犬也并不少见。有记录显示，在德国曾有过一只活到24岁的博美犬。换算成人类的年龄的话，已经远远超过100岁。据说这只博美犬生活在富裕家庭，饮食是高品质的牛肉和狗粮。毛发每天都要经过仔细梳理，被照顾得无微不至。

花絮

关于博美犬的小故事

古代绘画中的中型博美犬

　　肖像画《哈雷特夫妇》是18世纪活跃在英国的画家托马斯·庚斯博罗的作品。画中有一只用顺从的目光凝望主人的狗。这是一只身高到主人膝盖左右的中型犬。外观形似丝毛犬，被认为是博美犬的祖先。19世纪时流行饲养小型犬，人们对这种祖先犬进行了小型化改良。之后被带至美国，成为极具人气的宠物犬后更是加速了小型化改良的步伐。最终形成了现在博美犬的样子。

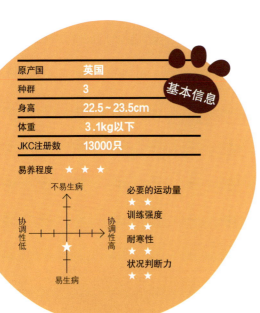

原产国	英国
种群	3
身高	22.5～23.5cm
体重	3.1kg以下
JKC注册数	13000只

基本信息

易养程度 ★ ★ ★

不易生病

必要的运动量
★ ★

训练强度
★ ★

耐寒性
★ ★

状况判断力
★ ★

协调性低 ━━━━━ 协调性高

易生病

5 名

约克夏梗
[Yorkshire Terrier]

被毛

丝线状直毛。脸部毛发可长至脚趾长度。头后部至尾根部毛呈暗蓝灰色。头部为金棕色，胸部及四肢为鲜艳的亮棕色。

头部

头部较平。耳朵小，呈V字形，直立。形象可爱。眼睛大小适中，颜色深而明亮。口吻圆润，鼻镜为黑色。

体型

体型紧凑。背较短，背线水平。肋骨适当扩张，躯干、腰部紧实。

尾巴

保持在比背部略高的位置。颜色比身体其他部位深。曾有断尾的习惯，近来大多保留尾巴的自然状态。

小型犬

性格活泼好动，美丽的
被毛被称为"行走的宝石"

　　约克夏梗有着如丝般柔顺的直毛，被誉为"行走的宝石"，是颇受世人爱戴的赏玩犬。时而优雅，时而可爱的样子非常吸引人的眼球。但实际上约克夏梗的性格十分活泼好动，这是因为它们曾作为猎犬被用于捕鼠活动。与很多的梗犬一样，它们勇敢，有主见，警惕性强。对主人忠诚，如果不能和主人生活在一起便会囤积压力。爱撒娇，喜欢没有原因地吠叫。因此，住在集体住宅的饲主要从幼犬期就开始多加管教。只要培养出它们的社会性，就可以抑制它们身上的任性和攻击性，成为理想的家庭犬。约克夏梗表情丰富，懂得"眉目传情"，可以成为孩子们的贴心玩伴。

　　饲养约克夏梗时最需要注意的一点是如何保持被毛的状态。居家饲养时大多会把被毛剪短。但即便如此，每天还是需要对毛发进行打理。疏于打理，毛发会很容易打结，导致皮肤炎症。另外，眼睛和嘴周围的毛发要时刻保持洁净。

　　约克夏梗不需要很大的运动量，在室内玩耍就可以满足它们的活动需求。但前面也提到过约克夏梗需要社会性训练，所以短时间的户外散步也是很有必要的。约克夏梗不耐寒暑，建议室内饲养。骨骼脆弱，有骨折风险，需要营造一个安全的环境。

（ 驯养 ）

约克夏梗具有梗犬特有的倔强，过度溺爱就会变得任性，因此需要从幼犬期开始严格训练。另外，约克夏梗喜欢咬东西，要及时制止。约克夏梗不笨，但是非常固执。因此训练它需要耐心。

（ 起源 ）

约克夏梗诞生于19世纪中期的英国约克夏郡地区。该地区属于工业地带，工人和矿工曾利用它们捕捉老鼠。起初约克夏梗的体型比现在的要大，毛色也是以黑色为主。被带到美国之后进行了小型化和毛色改良，形成了今天的约克夏梗。

7kg多的约克夏梗

约克夏梗是JKC公认的仅次于吉娃娃的小型犬,一般体重在3.1kg以下。由于原本是大型犬,也出现过很多超过3.1kg的约克夏梗,甚至有一些可以长到7kg。严格地说,它们可能不会被划分到约克夏梗的范围当中,但它们并没有健康问题。请把这当成是它们独有的一种个性去爱护它们。

花絮

关于约克夏梗的小故事

约克夏梗站长

由于受到人们的喜爱,很多约克夏梗在从事治疗犬和伴侣犬的工作,在各种岗位中给人们带来欢乐。2008年一只叫栗子的约克夏梗成为日本岩手银河铁道线奥中山高原车站的名誉站长。它被授予了特制的帽子和制服,深受到访游客的喜爱。它不仅被做成文创产品进行销售,还出版了写真集,成为全国著名的站长。栗子于2009年去世。现在,接替它的第二代栗子站长依旧在车站迎接旅客的到来。

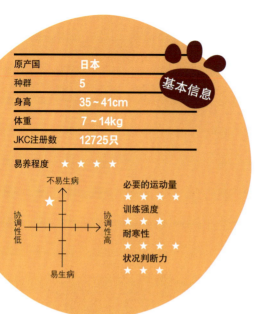

原产国	日本
种群	5
身高	35～41cm
体重	7～14kg
JKC注册数	12725只

易养程度 ★ ★ ★ ★ ★

不易生病

★

协调性低 ←——→ 协调性高

易生病

必要的运动量
★ ★ ★ ★ ★

训练强度
★ ★ ★ ★ ★

耐寒性
★ ★ ★ ★ ★

状况判断力
★ ★ ★

6 名

柴犬
[Shiba]

头部

头前部宽，前额有浅沟。口吻根部粗，前端细。黑色鼻尖。耳朵呈小三角形，略前倾。

被毛

双层被毛。表毛硬且直，底毛柔软。毛色有棕黄色、黑褐色、棕色等。口吻两侧、额下方等位置为白色。被称为白里儿。

尾巴

尾部和身体一样强健有力，根部位置较高，卷曲至背部。似镰刀形。向下垂的话，长度可达到后腿关节处。

体型

体型健壮。颈部和四肢粗壮，胸部肋骨适当扩张，肌肉发达。腹部紧实。

小型犬

对陌生人提高警惕，
对主人及家人温柔似水

柴犬自绳文时代起便与日本人一起生活，1936年被指定为国家天然纪念物，是日本最具代表性的犬种。它们最大的特点是服从性强，具有对主人的命令绝对服从的献身精神。而且忍耐力强，一旦对主人产生信任感，无论什么命令都会执行。对柴犬来说待在主人和家人身边让它们感到非常放松。由于它们的服从性，博得了日本乃至世界人们的喜爱。由于对主人的服从性极高，也带来了对陌生人警惕性高的一面。虽然柴犬的攻击性不强，但是对初次见面的人会做出非常冷淡的表现。饲主们要从幼犬期开始就对它们开展社会性训练，使它们在接触陌生人和其他动物时不会过于警惕。

饲养时需要注意的是，柴犬虽然属于小型犬，但是有着可以媲美中型犬的耐力。因此每天要给予充足的运动量。除了每天散步之外，还要加入玩球或自由奔跑等项目。利用它们的聪明挑战一下犬类运动也是不错的选择。

柴犬属于短毛犬，便于打理，每天简单梳理毛发即可。但是换毛期会大量脱毛，需要细致地梳理。如果已掉落的毛发没有得到及时清理，会有导致皮肤病的风险。

只要保证每天的运动量，并能在换毛期仔细打理毛发，那么即使是新手也可以将柴犬照顾得很好。

(驯养)

柴犬是忠实度高、服从性强的犬种，而且学习能力也强。但由于警惕性高，如果不进行社会性训练，会对陌生的人和动物过分警惕。

(起源)

柴犬是绳文时期以前从南方迁徙而来的品种。生活在日本海沿岸的山岳地带，曾被用于捕捉鸟和小型动物。进入明治时期，由于和外来犬种频繁交配，导致血统纯正的柴犬数量减少。昭和时期一些猎人和学者曾展开过保护柴犬纯正血统的运动。

柴犬名字的由来

　　"柴"有杂树的含义。关于柴犬名字的由来主要有两种说法。其一是由于柴犬曾被用于狩猎鸟和小型动物，经常穿梭于杂树林间。另一种说法是由于毛色类似干柴的颜色而得名。由于曾在山岳地带参与狩猎，这两种说法都很有说服力。另外还有一种说法是在古日语中"柴"字的发音"shiba"有"小东西"的意思，也有人认为柴犬的名字是由此而来。关于柴犬这一名字确切的由来至今不详。

花絮

关于柴犬的小故事

最近流行的豆柴是什么？

　　最近豆柴成为热门话题，圆滚滚的小身体让人不由得怜爱。但是日本国内的很多注册机构都没有正式认可豆柴这一犬种。其实大家可以认为豆柴就是小号的柴犬。关于豆柴目前也是众说纷纭。有人认为豆柴体型过于迷你，存在健康上的问题。也有人认为豆柴和最初的柴犬体型相近，没有健康上的问题。所以想饲养豆柴，还是要三思。

西施犬

[Shih Tzu]

基本信息	
原产国	中国 西藏
种群	9
身高	27cm以下
体重	4.5~8.1kg
JKC注册数	9665只

易养程度 ★ ★ ★

不易生病

必要的运动量
★ ★

训练强度
★ ★

耐寒性
★ ★

状况判断力
★ ★ ★

协调性低

协调性高

★

易生病

小型犬

7名

被毛如丝般美丽，
性格开朗，待人友好

　　西施犬口吻呈四方形，眼仁大。1990年时在JKC的注册数量名居榜首，一直很受欢迎。全身覆盖着丰满的被毛，营造出优雅的氛围。身体轻盈，但骨骼粗壮，肌肉发达。性格阳光，善于社交。对主人忠诚，是孩子的好玩伴。

　　饲养上要注意三点。第一，要进行适量运动。西施犬是易胖体质，需要在室内和庭院玩耍以及短时间的散步。第二，毛发护理。为了保持毛发持久靓丽，需要每天仔细梳理。可以用皮筋做造型，并定期洗澡，保持身体洁净。第三，适当的温度管理。高温多湿的环境会给西施犬的呼吸系统带来负担，同时也会使皮肤及耳朵内部因不透气而患病。

（　起源　）

其祖先是西藏猎犬和京巴犬。曾被养在紫禁城内。1920年前后被带入英国，1934年在该国犬类俱乐部注册，逐渐被爱犬人士所熟知。

（　驯养　）

西施犬性格开朗、天真，同时也有固执、阴晴不定的一面。因此训练时要坚定、有耐心。西施犬爱咬东西，要及时制止这种行为。比较安静，不爱叫，适合集体住宅饲养。

马尔济斯犬

[Maltese]

基本信息

原产国	马耳他共和国
种群	9
身高	20~25cm
体重	2.5~4.0kg
JKC注册数	8717只

易养程度 ★★★

不易生病

协调性低 ←──┼──→ 协调性高

易生病

必要的运动量
★★

训练强度
★★

耐寒性
★★

状况判断力
★★

小型犬

8 名

因其美丽的被毛和易亲近的性格受到王室和贵族的青睐

　　拥有美丽的纯白被毛的马尔济斯犬自古就受到各国王室和贵族的青睐。丰满的被毛下隐藏着它匀称的体型。它的胸肌发达，腹部紧实。性格开朗活泼，喜欢玩耍。头脑聪明又顺从，很快就能记住家里的各种规则。它不爱乱叫，是很容易饲养的品种。

　　马尔济斯犬的纯白色被毛需要每天细致的打理。不仅需要每天梳理，还需要每周洗一次澡。尤其是在8个月左右大的时候，马尔济斯犬开始从幼犬过渡到成犬，这时的毛发特别容易打结，需要更加仔细地梳理。另外，饭后要及时给它擦拭面部，防止面部及眼周毛发变色。如果想省去这些麻烦，作为家庭犬饲养时可以将毛发剪短。

（ 起源 ）

马尔济斯犬历史悠久，它的起源可以追溯到公元前1500年。在地中海地区成立国家的腓尼基人将这种犬带到了马耳他岛，逐渐受到了地中海沿岸各国人们的喜爱。1500年左右远渡英国，成为上流社会家庭常见的宠物狗。

（ 驯养 ）

马尔济斯犬聪明，很快就可以记住指令。如果饲主过于溺爱，过度保护，会出现无故乱叫的现象。无论多么宠爱它都要坚持进行必要的训练。

迷你雪纳瑞
[Miniature Schnauzer]

基本信息	
原产国	德国
种群	2
身高	30～35cm
体重	4～8kg
JKC注册数	7657只

易养程度 ★ ★ ★ ★ ★

不易生病
协调性低 ★ 协调性高
易生病

必要的运动量
★ ★ ★

训练强度
★ ★ ★ ★ ★

耐寒性
★ ★ ★

状况判断力
★ ★ ★ ★ ★ ★

小型犬

9
名

属于梗犬，但性格温厚平和，食欲旺盛，容易肥胖

　　雪纳瑞一词在德语中是大胡子的意思。雪纳瑞曾在农场被用于驱赶老鼠，它们丰满的胡须可以起到保护面部的作用，远离老鼠反击的伤害。

　　一般来说，负责捕捉鼹鼠和老鼠的梗犬性格比较暴躁，有攻击性，但是迷你雪纳瑞很温和顺从，对人类友好，对小朋友也很温柔，是很适合家庭饲养的品种。而且它们具有梗犬勇敢的特性，是很好的看家犬。体型小，但骨骼粗壮，肌肉发达。颈部周围的肌肉尤其发达，形成粗壮的曲线。雪纳瑞需要充分的运动量，早晚需要共计散步1小时左右。

　　在室内和庭院中也要确保它们有可以自由活动的空间。它们食欲旺盛，运动不足，就会肥胖。因此饮食上也要细心管理。

（ 起源 ）

关于迷你雪纳瑞诞生的经过有很多种说法。它是由标准型雪纳瑞、爱尔兰水猎犬、贵宾犬等不同种类杂交而成的。曾用于捕捉农场里的老鼠和看家护院。20世纪20年代被引入美国后成为家庭宠物犬和表演犬。

（ 驯养 ）

这种犬性格稳重，会忠实地服从命令，但是很有自己的想法。因此要从小严格训练，放纵只会让它更加任性。另外它不喜独处，要有充足的时间和它一起玩耍和共处。

法国斗牛犬
[French Bulldog]

基本信息

原产国	法国
种群	9
身高	30cm左右
体重	8~14kg
JKC注册数	7336只

易养程度 ★ ★ ★ ★ ★

不易生病

必要的运动量
★ ★ ★

训练强度
★ ★ ★

协调性低 ←→ 协调性高

耐寒性
★ ★

★

状况判断力
★ ★ ★

易生病

小型犬

10
名

满脸皱纹却倍感亲切，
天生怕热，夏季注意防暑

直立的蝙蝠耳，眼睛大且双眼距离较远。口吻宽、短。这种极具个性的外表使斗牛犬有种独特的亲切感。身高30cm左右，属于小型犬。但是骨骼粗壮，肌肉发达，体格健壮。

性格活泼开朗，好奇心旺盛。很少吠叫，体味轻，适合室内饲养。但是讨厌孤独，不适合经常独自看家。

短毛，易打理。用拧干的湿毛巾擦拭，或用宠物梳轻轻梳理即可。面部褶皱较多，饭后或运动后要用湿毛巾擦拭清理褶皱处。

饲养上要注意两点。第一，法国斗牛犬口吻短，不耐热，夏季要注意温度管理。第二，体重管理。食欲旺盛且容易发胖，需要对饮食有所控制，并注意合理的营养搭配。

（ 起源 ）

关于对法国斗牛犬的起源有很多种说法。一般认为它是由英国斗牛犬和巴哥犬、梗犬交配产生的。19世纪初诞生于巴黎，用于捕鼠。后成为玩赏犬，受到大家的喜爱。

（ 驯养 ）

法国斗牛犬属于比较顺从，容易训练的犬种。它会注意观察主人的言行，即使犯错，也不要对它大声呵斥，表现出沮丧或小声批评反而效果会更好。

金毛寻回犬
[Golden Retriever]

原产国	英国（苏格兰）
种群	8
身高	51~61cm以下
体重	25~34kg
JKC注册数	6619只

易养程度 ★ ★ ★ ★ ★

不易生病

协调性低 ←———→ 协调性高

★

易生病

必要的运动量
★ ★ ★ ★ ★

训练强度
★ ★ ★ ★ ★

耐寒性
★ ★ ★

状况判断力
★ ★ ★ ★ ★

大型犬

11
名

聪明又温柔，
新手也极易饲养

　　金毛寻回犬的名字源于Retriev一词，是找回的意思。曾在英国及苏格兰作为猎鸟犬大显身手。虽然是大型犬，但是略微下垂的眼梢给人以温柔的印象，性格非常温和。幼犬期有些淘气，但成年后会十分沉稳。对孩子和其他动物也很友好。只要有足够的空间，室内就可以饲养。

　　被毛丰满，需要每天用毛梳和针刷打理。尤其是换毛期会大量脱毛，更需要认真梳理。每周需要洗一次澡。饲养上需要保证金毛寻回犬每天有足够的运动量，早晚各散步1小时。除此之外，还要通过玩球、拔河等游戏让它们活动身体。其祖先在水边狩猎，因此它们非常喜欢玩水，可以带它们去安全的地方游泳。

（ 起源 ）

确切的起源不详。一般认为金毛寻回犬的祖先是有着金黄色被毛的卷毛寻回犬与英国赛特犬交配的杂交犬。之后由这种杂交犬再和纽芬兰犬、爱尔兰塞特犬交配产生。是擅长游泳的优秀看家护院犬。

（ 驯养 ）

忍耐力强，其祖先和人类一同进行狩猎，因此服从性好，容易训练。属于大型犬，强壮有力，要注意训练它们不要扑人和用力拽拉牵引绳。即使狗狗没有恶意，也有可能会发生意外。

蝴蝶犬

[Papillon]

小型犬

基本信息	
原产国	法国、比利时
种群	9
身高	20～28cm
体重	4～4.5kg
JKC注册数	6018只

易养程度 ★ ★

不易生病

协调性低 ←——★——→ 协调性高

易生病

必要的运动量
★ ★

训练强度
★ ★

耐寒性
★ ★

状况判断力
★ ★ ★ ★

12名

美丽的被毛与优雅的身姿
极富魅力，对声音敏感、爱吠叫

蝴蝶犬的名字源于它们耳朵上的长毛直立装饰，犹如翩翩起舞的蝴蝶而得名。另外，还有垂耳的类型，被称为飞蛾犬。

因其丝般顺滑的被毛和优美的站姿，蝴蝶犬作为赏玩犬广受喜爱。它身材纤细，不易生病，适合新手饲养。对声音敏感，稍有声响就会大声吠叫。

在集体住宅饲养时，需要注意训练。蓬松的被毛不易打结，容易打理，每周梳两次即可。不需要修剪，每月需洗澡2~3次。无须过多的运动量，但由于性格活泼，每天需要散步30分钟左右。可以参与犬类运动训练，如障碍物竞技、飞球等。

因四肢娇弱，要注意不要从台阶或高处跳下，以免受伤。

（ 起源 ）

蝴蝶犬的祖先是西班牙的小型猎犬，诞生于1500年前后。在意大利博洛尼亚地区大量繁殖后流传到周边各国，在法国宫廷受到极大的欢迎，常出现在中世纪的绘画中。因曾被法国王妃玛丽·安托瓦内特饲养而闻名于世。

（ 驯养 ）

蝴蝶犬聪明、活泼，对于训练会很积极地配合。好胜心、自尊心强，不能过于娇纵。但是也不能过于严厉，要及时给予表扬。

威尔士柯基犬
[Welsh Corgi Pembroke]

原产国	英国
种群	1
身高	25～30.5cm
体重	10～12kg
JKC注册数	5832只

易养程度 ★ ★ ★ ★

不易生病

协调性低 ← → 协调性高

★

易生病

必要的运动量
★ ★ ★ ★ ★

训练强度
★ ★ ★ ★ ★

耐寒性
★ ★ ★

状况判断力
★ ★ ★ ★ ★

小型犬

13
名

自古以来是英国王室的宠物，
伊丽莎白女王的爱犬

躯干呈桶形，四肢短小，但有力。行动敏捷，形象可爱。曾生活在英国威尔士地区。白天牧羊，夜晚看门。但作为赏玩犬也深受人们喜爱，自古被英国人所饲养，作为当今伊丽莎白女王的爱犬闻名于世。

性格活泼，好奇心强，对人类和其他动物都很友好，适合作赏玩犬。由于警惕性强，也适合作看门犬。

被毛短，易掉毛，因此每天都必须梳理，尤其在换毛期更要仔细梳理。每月洗1~2次澡即可。

威尔士柯基犬虽是小型犬，但是体力充沛。每天需要充足的运动量，每天散步2次，每次半小时。它们聪明，适合犬类竞技。由于躯干长，对脊椎骨的压力较大，因此要尽可能减少弹跳。

（ 起源 ）

传闻其祖先是法国工人带入英国的犬种。之后在威尔士潘布鲁克州，经过改良成为牧羊犬及看门犬。为了可以穿梭于牛羊群中而改良成了这种躯干长、四肢短小的身型。

（ 驯养 ）

专注力、记忆力好，可以很快记住基本的指令。但由于过于聪明，一旦娇纵就会蔑视主人，变得不顺从。从幼犬时期开始就要进行严格的训练，主人态度要坚定。

拉布拉多寻回犬

[Labrador Retriever]

原产国	英国
种群	8
身高	54~57cm
体重	25~34kg
JKC注册数	4477只

易养程度 ★ ★ ★ ★ ★

不易生病
↑

协调性低 ←———★——→ 协调性高

↓
易生病

必要的运动量
★ ★ ★ ★ ★

训练强度
★ ★ ★ ★ ★

耐寒性
★ ★ ★

状况判断力
★ ★ ★ ★ ★

大型犬

14
名

聪明而温顺，
新手也可以放心饲养

拉布拉多寻回犬对主人的命令服从性高，性格温和，是理想的家庭犬。另外，由于工作能力强，还活跃在导盲犬等工作犬的舞台。

但这种稳重的性格要等到出生两年以后才会形成。在幼犬期非常淘气。它们随时都想和主人一起玩耍，要多创造一起玩耍的时间。两岁后性格会突然变得稳重。

拉布拉多寻回犬聪明，易训练。对家人以外的人和其他动物很友好，新手也可以放心饲养。它们需要很大的运动量，主人也要有很好的体力。早晚各散步1小时，还要给予足够宽敞的游戏空间。它们喜欢游泳和玩球，这类运动要经常进行。

被毛较短，常年会出现毛发掉落的问题，所以每天都要梳理。每月洗一次澡即可。

(**起源**)

拉布拉多寻回犬的祖先是16世纪时从北欧及英国乘渔船远渡加拿大的犬种。脾气比较暴躁。19世纪初被引入英国，经过不断的改良，成为猎犬。逐渐形成了今天温和顺从的性格。

(**驯养**)

拉布拉多寻回犬头脑非常聪明。性格温和，服从性好，可以很快记住基本的指令。由于强壮有力，在猛扑和牵引发生对峙时有可能会发生意外，要从小加以训练。

杰克罗素梗
[Jack Russell Terrier]

基本信息

原产国	英国
种群	3
身高	25~38cm
体重	4.5~6.8kg
JKC注册数	4400只

易养程度 ★ ★ ★ ★

不易生病

必要的运动量
★ ★ ★ ★

协调性低 ← → 协调性高

训练强度
★ ★ ★ ★

耐寒性
★ ★ ★

易生病

状况判断力
★ ★ ★ ★

小型犬

15名

60

性格开朗活泼，
容易过度兴奋

　　长期以来杰克罗素梗作为优秀的猎犬受到喜爱。它体型小，但肌肉发达，体型匀称。性格开朗，有时会有些过度活泼。例如，独自玩耍时会由于过于兴奋而破坏家具。记忆力好，会很快记住规则。

　　虽然被划分在小型犬的行列，但需要的运动量却可以赶超中型犬。每天需要两次，共1小时的散步时间。除此之外，还需要保证在庭院或室内有足够的空间供其玩耍。它头脑聪明，适合犬类竞技。运动不足会产生压力，产生攻击性或无故乱叫。因此，时间不够充裕的话饲养杰克罗素梗会有些困难。

　　经过良好的训练后杰克罗素梗可以在室内饲养。但是出于猎犬的本能，如果还有其他小动物需要一起饲养，就需要充分留意。

（　起源　）

19世纪初，由名为罗素的人培养出来，并由此得名。四肢力量强劲，被用于追赶猎物。由于体型较小还被用于追赶逃进巢穴的狐狸。现在作为优秀的猎犬在世界各国都能看见它的身影。

（　驯养　）

属于脾气暴躁的梗犬类，会由于过度兴奋而破坏东西，具有攻击性。过分娇纵会助长反抗性。但本身是很聪明的犬种，只要好好训练就可以成为驯服、忠诚的家庭犬。

巴哥犬
[Pug]

基本信息

原产国	中国
种群	9
身高	25~28cm
体重	6.3~8.1kg
JKC注册数	4337只

易养程度 ★ ★

不易生病

协调性低 ← ★ → 协调性高

易生病

必要的运动量
★ ★

训练强度
★ ★

耐寒性
★ ★ ★

状况判断力
★ ★ ★

小型犬

16
名

聪明而冷静，适合室内饲养，
不善高温，注意防暑

巴哥犬面部褶皱多，口吻短。外形憨厚可爱，长期以来一直受到大家的喜爱。性格理智而冷静，自尊心强。对主人忠实，情感丰富。

不爱乱叫，适合集体住宅饲养。体型小，但健壮。口吻短，不善调节温度。怕热，夏季需要利用空调营造舒适环境。

易掉毛，每周至少用橡胶刷梳理两次。另外，头部褶皱中容易因不透气而导致皮肤病，要用拧干的布频繁擦拭，以保证清洁干燥的状态。

巴哥犬活泼好动，每天需要散步30分钟左右。由于它非常怕热，所以夏季一定要在早晚凉快的时间出门活动。

（ 起源 ）

17世纪被带入欧洲，受到掌权者和王室的喜爱。曾有一段时间人气下滑，数量锐减，险些灭绝。19世纪在美国受到人们的喜爱、又扩大了繁殖规模。

（ 驯养 ）

有些顽固和自我。如不配合训练，就要改变一下训练项目，或者用它们喜欢的玩具耐心引诱。巴哥犬记忆力较好，只要好好训练就可以成为优秀的家庭犬。

骑士查尔斯王猎犬

[Cavalier King Charles Spaniel]

基本信息

原产国	英国
种群	9
身高	31~33cm
体重	5.4~8kg
JKC注册数	3485只

易养程度 ★ ★ ★ ★

不易生病

协调性低 ← → 协调性高

★

易生病

必要的运动量
★ ★ ★

训练强度
★ ★

耐寒性
★ ★

状况判断力
★ ★ ★

小型犬

17
名

性格温顺是理想的家庭犬，
易发胖，要注意身材

这种犬不仅对家人，对初次见面的陌生人也很友好。可以和孩子以及其他动物建立良好的关系，性格方面堪称完美。但是缺乏警惕性，不适合作看门犬。

被毛弯曲，易打结，需要每天梳理，尤其是耳朵周围的毛更要仔细打理。由于是垂耳，要注意定期清洁耳朵内部。

骑士查尔斯王猎犬性格好，身体健壮，是完美的家庭犬。唯一的缺点是容易发胖，要注意合理饮食和运动的搭配。尤其是在年老后运动量下降时更要注意。体重增加会加重膝盖的负担，导致膝盖骨出现问题，或者由于营养不均衡导致皮肤问题。为了延缓腰腿部的衰老，要从幼犬期开始每天散步两次，每次20分钟左右，这是保证它们健康的秘诀。

(起源)

它们的祖先是查尔斯王猎犬，于19世纪初诞生。查尔斯王猎犬是以巴哥犬为标准培育出来的，因此口吻较短。但是为了追寻其原始的模样，培育者进行了改良，最后诞生了骑士查尔斯王猎犬。

(驯养)

骑士查尔斯王猎犬性格温和，天真又聪明。富有行动力，很容易训练，新手驯养起来也没有太大的难度。即使犯错，主人也不要过分严苛地批评，可以通过温柔的抚摸给予鼓励，更能激发出它们优秀的性格。

迷你杜宾犬
[Miniature Pinscher]

基本信息

原产国	德国
种群	2
身高	25~30cm
体重	4~6kg
JKC注册数	3471只

易养程度 ★ ★ ★ ★

不易生病

↑

协调性低 ←———★———→ 协调性高

↓

易生病

必要的运动量
★ ★ ★

训练强度
★ ★ ★

耐寒性
★ ★

状况判断力
★ ★ ★ ★

小型犬

18
名

身材迷你却气场强大，
是看家犬的不二之选

迷你杜宾犬，容易被误认为是小型杜宾犬。但实际上前者的出现要早于后者200多年。这种犬身高最高只有30cm，但是肌肉紧实，站姿气场十足。自尊心强，勇敢，敢于挑战比自己体型大很多的对手。因此不易对人敞开心扉。

但是只要建立了信赖关系，就会对主人和家人倾注全部的爱。对陌生人会表现出强烈的警惕性。非常适合作看门犬。

身体肌肉发达，活泼好动，需要早晚各20分钟的散步时间。需要有足够宽敞的空间自由运动。它们四肢纤细，从高处跃下会有骨折的风险，玩耍时一定要注意安全。

毛发打理起来比较方便，每周梳毛一次即可。

（ 起源 ）

在16世纪，为了驱除老鼠而对德国宾莎犬进行改良而来。除原产地德国以外，斯堪的纳维亚半岛也有饲养。长期以来被当作杂种犬对待。1929年成为美国犬舍俱乐部认定犬种。

（ 驯养 ）

迷你杜宾犬聪明，自尊心强，有主见。如果过分娇纵，它会变得无视主人和任性。从幼犬期开始就要以坚定的态度训练它，这样才会与主人和家人产生深厚的羁绊。

边境牧羊犬
[Border Collie]

基本信息	
原产国	英国（苏格兰）
种群	1
身高	53cm左右
体重	14~22kg
JKC注册数	2978只

易养程度 ★ ★ ★ ★ ★

不易生病

协调性低 ← ★ → 协调性高

易生病

必要的运动量
★ ★ ★ ★ ★

训练强度
★ ★ ★ ★ ★

耐寒性
★ ★ ★

状况判断力
★ ★ ★ ★ ★

中型犬

19
名

有着卓越的身体素质和判断力，是牧羊犬中的佼佼者

提到牧羊犬，很多人脑中都会浮现出边境牧羊犬。边境牧羊犬现在依旧活跃在世界各国的牧场中。身体素质超凡，更有着可以统领羊群的头脑和判断力，因此常令人瞠目结舌。每年都会在英国举办的牧羊犬竞技大赛中获得优异的成绩。另外，边境牧羊犬还擅长犬类竞技项目，并活跃在各种赛场上。飞碟和障碍物竞技都是它的拿手好戏。边境牧羊犬有着超强的运动欲望，如果得不到足量的运动会产生精神压力，变得具有攻击性和神经质。早晚各需要进行30分钟左右的散步。出于牧羊犬的本能，它会条件反射地喜欢追赶移动中的物体。因此散步时一定不要放开牵引绳。除了日常的散步之外，挑战一下犬类竞技项目也是不错的选择。

柔软的被毛容易脏，需要每天用针梳梳理。换毛期尤其需要仔细打理。

（ 起源 ）

边境牧羊犬的祖先是8世纪后由维京人带入苏格兰边境的牧畜犬。之后将柯力犬的祖先犬与当地土著牧羊犬进行交配，培育成今天的边境牧羊犬。但很长一段时间没有成为公认的犬种，1995年才在美国得到认可。

（ 驯养 ）

边境牧羊犬是最优秀的牧羊犬，是所有犬种中可训练度最高的品种，可以忠实地完成任何命令。但是由于太过聪明，如果指示不到位或过于溺爱会变得不服从命令。

京巴犬
[Pekingese]

基本信息

原产国	中国
种群	9
身高	15~23cm
体重	5.5kg以下
JKC注册数	2917只

易养程度　★ ★ ★ ★ ★ ★

不易生病

　　　　　必要的运动量
　　　　　★ ★
协调　　　　训练强度
性低 ←──★──→ ★ ★ ★
　　协调　　耐寒性
　　性高　　★ ★
　　　　　状况判断力
易生病　　　★ ★ ★

小型犬

20
名

曾在中国宫廷作为神犬
饲养的高贵犬种

古代中国长期在宫廷中饲养京巴犬，使其拥有了高贵的气质。它性格顽固，自尊心强，独立性强。小心谨慎，警惕性强，因此刚开始饲养时很难对主人敞开心扉。但是一旦获得它的信任，便会对主人倾注它所有的爱。

京巴犬耐寒，但是口吻短，不耐热。在夏季要注意通风，利用空调为它创造舒适的环境。

京巴犬不善运动，因此仅室内活动即可。但为了放松心情和进行社会性训练还是需要每天进行两次各10分钟的散步。另外，京巴犬属易胖体质。

因为它无法靠运动消耗多余的热量，所以要从小进行严格的饮食控制。一旦肥胖就容易引起心脏和椎间盘疾病。

（ 起源 ）

关于京巴犬的最早的记录出现在唐朝。在宫中被视为神犬，很长一段时间里都保证了其纯净的血统。鸦片战争爆发后，英国士兵在慈禧太后的宫中发现京巴犬并带回英国，之后才在欧洲广泛饲养。

（ 驯养 ）

京巴犬有着可以媲美猫科动物的强大的独立性，因此训练起来要花些时间。要观察它的心情和运动强度，耐心训练。只要获取它的信任，它就会展示出忠实的一面。

米格鲁猎兔犬
[Beagle]

基本信息

原产国	英国
种群	6
身高	33~41cm
体重	8~14kg
JKC注册数	2718只

易养程度 ★ ★ ★ ★

不易生病

★

协调性低 ←——————→ 协调性高

易生病

必要的运动量
★ ★ ★ ★

训练强度
★ ★ ★

耐寒性
★ ★ ★

状况判断力
★ ★

小型犬

21
名

史努比的原型，
性格活泼，嗓门大

    米格鲁猎兔犬的祖先是公元前就开始参与狩猎的猎犬。古时候是数十只米格鲁猎兔犬一起边追边叫地追击野兔。现在的米格鲁猎兔犬继承了祖先独特的极具穿透力的叫声。因此在集体住宅居住的饲主需要从小训练它不要乱叫。另外，它们害怕孤独，感到寂寞就会吠叫，因此不建议家中经常无人的家庭饲养。

    米格鲁猎兔犬性格天真，温柔，与孩子和其他动物都可以建立良好的关系。新手也可以饲养。

    米格鲁猎兔犬是大胃王，为了避免肥胖，不仅要注意饮食的热量管理，还要注意训练防止它们散步时随便捡东西吃。

    每周用宠物毛刷打理1~2次，还要注意清洁耳朵内部。

(起源)

米格鲁猎兔犬有着极为悠久的历史。在公元前的希腊曾被用作猎兔的犬是它们的祖先。在伊丽莎白时期的英国成为优秀的猎犬。第二次世界大战后，因为是史努比的原型而人气剧增。

(驯养)

稳重、顺从、独立中带着一点我行我素，因此训练起来要花一点时间。避免严厉训斥，表现好的时候要多多给予夸奖，要加深与爱犬的交流。

喜乐蒂牧羊犬

[Shetland Sheepdog]

原产国	英国（设得兰群岛）
种群	1
身高	33~41cm
体重	6~12kg
JKC注册数	2296只

基本信息

易养程度 ★★★★★

不易生病

协调性低 ←————→ 协调性高
★

易生病

必要的运动量
★★★★★

训练强度
★★★★★

耐寒性
★★★★★

状况判断力
★★★★★

小型犬

22

名

荒凉大地上的小型牧羊犬

喜乐蒂牧羊犬是小型化的柯利牧羊犬。其祖先诞生于设得兰群岛荒凉的大地上。那里环境恶劣，经常遭受暴风雨袭击。由于食物匮乏，这种小型又健壮的犬种被当时的人们视为珍宝。拥有着这般祖先血脉的喜乐蒂牧羊犬精力充沛，尤其在青年期需要很大的活动量。

除了早晚各20分钟的散步外，还要给予安全的场所供其自由奔跑。它们可驯性强，可以参与犬类竞技项目。如果运动量不足不仅会造成精神压力过大，变得爱叫，同时还会导致肥胖。因此要经常带它们运动。

分量感十足的被毛自然少不了定期的梳理。每周要梳理两次，耳后和大腿内侧尤其容易打结，要细心梳理。

（　起源　）

曾作为牧羊犬活跃在苏格兰北部的设得兰群岛。确切的起源不详，普遍认为是边境牧羊犬的祖先与萨摩耶犬、苏格兰牧羊犬交配产生的。19世纪以后才成为家庭伴侣犬。

（　驯养　）

出于牧羊犬的本性，它们对主人顺从。另外，它们聪明，记忆力好，会很快记住基本的指令。细腻、敏感，要让它们多接触家人以外的人和其他动物，并适应各种声音。

意大利灰狗
[Italian Greyhound]

原产国	意大利	
种群	10	基本信息
身高	32～38cm	
体重	5kg以下	
JKC注册数	2071只	

易养程度 ★ ★ ★ ★

不易生病

协调性低 ←——————→ 协调性高

易生病

必要的运动量
★ ★ ★ ★

训练强度
★ ★

耐寒性
★ ★

状况判断力
★ ★ ★

小型犬

23
名

没有体味，不掉毛，
室内饲养再合适不过了

　　性格开朗、天真、有爱，但这一面却只留给心爱的主人。对于陌生人警惕性强、冷漠。为了不让它变成一只内向的狗狗，主人一定要带它去经历各种不同的事情。

　　活泼好动，喜欢和主人一起玩耍。若主人能与它一起跑来跑去，嬉戏玩耍，它会很开心。喜欢散步，每天散步两次，共40分钟，这样可以培养它的社会性。它四肢纤细，从高处跃下或者过度弹跳会造成骨折。另外，意大利灰狗属于短毛犬，极不耐寒。冬季在室外散步有可能会使其生病，所以一定要给它穿上衣服再出门。

　　意大利灰狗没有体臭，不易掉毛，也不爱乱叫，非常适合在室内饲养。但是前面提到过四肢比较容易受伤，从楼梯或椅子上跳下会有骨折的危险。因此一定要给它营造一个安全的环境。

（ 起源 ）

意大利灰狗有着非常悠久的历史。它的祖先是古代埃及法老宫中饲养的灰色猎犬。以意大利为中心得到普及，在罗马时代初期的美术作品中经常可以看到这种犬的形象。尤其在文艺复兴时期受到上流社会家庭的广泛喜爱。

（ 驯养 ）

它很友好，但是也很神经质和敏感。因此它犯了错误也不要严厉批评它，要耐心教导。意大利灰狗对陌生人非常警惕，因此要多接触人类，培养它的社会性。

伯恩山犬

[Bernese Mountain Dog]

基本信息	
原产国	瑞士
种群	2
身高	58~70cm
体重	40~44kg
JKC注册数	1836只

易养程度 ★ ★ ★ ★ ★

不易生病

↑

协调性低 ← ★ → 协调性高

↓

易生病

必要的运动量
★ ★ ★ ★ ★

训练强度
★ ★ ★

耐寒性
★ ★ ★ ★

状况判断力
★ ★ ★ ★ ★

大型犬

24名

蔑视一切的庞大身躯，
面对恐吓也毫不畏惧

伯恩山犬是身高最高可以达到70cm的大型犬。性格温柔沉稳，幼犬期顽皮，然而成犬会变得非常稳重。

充满自信，即使散步途中遇到其他狗的挑衅也毫不在乎。对待孩子温柔，有着强烈的护主意识，是非常优秀的看门犬。有可疑人物靠近就会低声怒吼告知主人。

只要训练它能不乱叫，伯恩山犬也可以在室内饲养。但是它需要大量的运动，因此要保证足够的运动空间。不仅要给予它安全的自由活动空间，还要早晚散步各1小时。

伯恩山犬的祖先生活在瑞士的山岳地带。耐寒，但十分怕热。夏季要频繁地给予水分补给。同时也要注意它生活空间的温度不可太高。

(起源)

据说伯恩山犬是古罗马帝国军在攻占瑞士时带去的獒犬和瑞士的土著犬交配形成的。在伯恩地区负责放牧、守卫和拉车。由于其温厚的性格受到大家的喜爱。

(驯养)

虽然性格温顺，但由于体格庞大，在猛扑和牵引时容易发生意外，因此要从小训练。伯恩山犬易训练，但略为顽固，训练时不要心急。

比熊犬

[Bichon Frise]

基本信息

原产国	法国
种群	9
身高	30cm以下
体重	3~6kg
JKC注册数	1831只

易养程度 ★★★★

不易生病

必要的运动量
★★

训练强度
★★★

协调性低 ← → 协调性高

耐寒性
★★★

状况判断力
★★★★

易生病

小型犬

25名

自古就是被贵族喜爱的
欢快的家庭犬

　　在法语中"bichon"是"装饰"，"frise"是"卷毛"的意思。比熊犬正如它的名字那样，有着毛茸茸的外表，自古就作为赏玩犬受到人们的喜爱。在欧洲的贵妇间曾一度流行和比熊犬一起作为模特被画入肖像画。

　　丰满的被毛下隐藏着肌肉感十足的健康体魄。比熊犬性格开朗活泼，不易掉毛，也没有体臭，适合在室内饲养。但喜欢乱叫，需要训练。虽然是一种很理想的家庭犬，但是要做好每天梳理被毛的准备。每天用硅胶刷梳理，每月修剪一次。毛发需要去专门的店里修剪，所以长年下来这是一项不小的开销。它不需要很大的活动量，在室内和庭院中玩耍足矣。为了放松心情也需要每天短暂的外出散步。

（　起源　）

比熊犬的祖先自古生活在非洲大陆西北部的加那利群岛。14世纪被意大利船员带到欧洲，与马尔济斯犬、贵宾犬交配产生了比熊犬。20世纪70年代在美国开发出了独特的修剪方式后作为展示犬流行开来。

（　驯养　）

比熊犬对主人顺从，是比较容易训练的犬种。接受能力强，可以很快掌握基本的规则。聪明，难度稍高的训练难不倒它。教会它各种才艺也许可以加深感情。

波士顿梗
[Boston Terrier]

原产国	**美国**
种群	9
身高	28~43cm
体重	6.80~11.35kg
JKC注册数	1674只

易养程度 ★ ★ ★ ★

不易生病

协调性低 ←———★———→ 协调性高

易生病

必要的运动量
★ ★ ★ ★

训练强度
★ ★ ★

耐寒性
★ ★

状况判断力
★ ★ ★ ★

小型犬

26
名

对所有人都宽容以待。
按体重分为3种类型

　　虽然属于性格暴躁的梗犬类，但是改良后攻击性得到了抑制，呈现出稳重、温柔的性格。对陌生人也非常宽容，是很具社交性的犬类。因此不适合作看门犬。

　　按照体重分为轻、中、重3类。想确认爱犬具体属于哪一种类型，可以在血统证书中确认。波士顿梗和其他口吻短的狗狗一样不耐热，夏季要注意温度管理。它不爱叫，适合在室内饲养，夏季可以用空调营造舒适的环境。

　　它虽然属于小型犬，但活泼好动，每天需散步两次，每次半小时左右。夏季要选择早晚凉爽的时间外出，并定时补给水分。短毛犬易打理，每天仅用拧干的湿布擦拭即可。每周梳理一次，清除脱落的毛发。

（ 起源 ）

波士顿梗是19世纪70年代诞生的比较新型的犬种。其祖先是斗牛犬和斗牛梗交配形成的犬种。它最初是被叫作波士顿斗牛犬的大型斗犬。传闻其身体里也流淌着已经绝种的英国白梗的血液。

（ 驯养 ）

波士顿梗聪明，记忆力好，可以跟上训练的节奏。但同时又敏感，容易受伤，要避免严厉的责罚。它独立性强，被纵容会使它无视主人的命令，因此训练时主人要态度坚定。

美国可卡犬
[American Cocker Spaniel]

原产国	美国
种群	8
身高	34.3~39.4cm
体重	11~13kg
JKC注册数	1619只

易养程度 ★ ★ ★ ★

不易生病

协调性低　　　　　　协调性高

　　　★

易生病

必要的运动量
★ ★ ★ ★

训练强度
★ ★ ★ ★ ★

耐寒性
★ ★ ★

状况判断力
★ ★ ★

中型犬

27
名

气质高贵，开朗友好

美国可卡犬举止优雅，风度不凡，性格温和，即使初次见面也很友好。喜欢撒娇，想要无时无刻都和主人在一起。稳重，和其他犬类也可以友好相处，同时饲养多只也没有问题。它属于猎犬，活泼好动，需要运动。除日常散步外，也可以挑战犬类竞技项目。要保持运动习惯，避免肥胖。

毛量丰富，容易沾灰。需要每天都进行细致的梳理，每月修剪两次，效果会比较理想。皮肤爱出油，发现有体臭，就需要洗澡。美国可卡犬容易出现皮肤炎症和皮脂漏症等慢性皮肤病，选择毛发清洁剂时需要征求兽医的意见，选择低刺激性的产品，并注意观察狗狗的状态。属于垂耳型，容易患耳部炎症，要注意清洁耳朵内部。

（ 起源 ）

1620年第一批英国移民移居美国，当时移民带去的英国可卡犬就是它们的祖先。原本是赏玩犬，后来通过不断改良成为猎鸟犬。

（ 驯养 ）

美国可卡犬注意力集中又聪明，学东西很快。但如果感到恐惧，注意力就会涣散。不可以过于溺爱，也不要大声斥责。犯错时建议用冷静的口吻批评。

斗牛犬
[Bulldog]

基本信息

原产国	英国
种群	2
身高	31~36cm
体重	22.7~25kg
JKC注册数	1333只

易养程度 ★ ★ ★

不易生病

协调性低　　　　　协调性高

易生病

必要的运动量
★ ★

训练强度
★ ★ ★

耐寒性
★ ★

状况判断力
★ ★

中型犬

28
名

性格温和，
需要留意健康问题

　　斗牛犬的祖先是可以与公牛搏斗的凶猛犬种。经过不断改良和演变，性格变得温和。从巨大的头部到前胸皮肤松弛，有很深的褶皱。全身被肌肉覆盖，圆滚滚的样子很是可爱。

　　斗牛犬对孩子温柔，不爱乱叫，适合在室内饲养。被毛短，易打理。用拧干的湿布进行擦拭即可，尤其是褶皱里要重点擦拭。它们需要的运动量小，早晚各散步15分钟就足够了。斗牛犬怕冷又怕热，外出时要注意。

　　斗牛犬很省心，但是由于它们独特的体型在健康方面容易出现一些问题。一是斗牛犬头部较大，骨盆却很狭窄，在产仔时大多都需要进行剖腹产。二是它们比较胖，容易造成腿部和腰部的疼痛。因此现在有很多专业人士在致力于将斗牛犬改良成更为苗条的身材。

（ 起源 ）

斗牛犬原是被用于与牛进行搏斗的犬种。由于这项竞技过于残酷，于1835年被依法禁止。此后斗牛犬失去了用武之地，曾一度濒临灭绝。后来通过改良抑制了残暴的性格，并以宠物犬的身份得到普及。

（ 驯养 ）

斗牛犬聪明但固执。不善于判断形势，对指令的理解需要时间。训练它们需要耐心。为防止肥胖，饮食上也要有所控制。

西伯利亚雪橇犬

[Siberian Husky]

基本信息	
原产国	美国
种群	5
身高	50.5～60.0cm
体重	15.5～28.0kg
JKC注册数	936只

易养程度 ★ ★ ★ ★

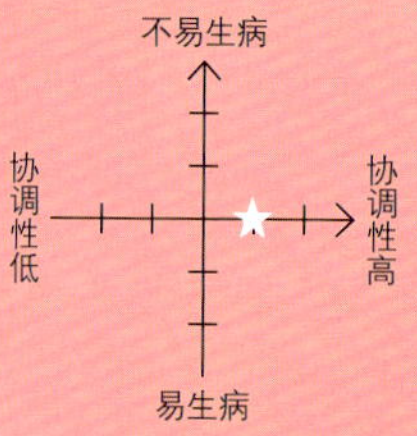

不易生病

协调性低 ← ★ → 协调性高

易生病

必要的运动量
★ ★ ★ ★ ★

训练强度
★ ★ ★ ★

耐寒性
★ ★ ★ ★

状况判断力
★ ★ ★

大型犬

29名

活泼又顺从，
是理想的伴侣犬

　　它们是活跃在西伯利亚的工作犬。后来受到美国科考队的赏识参与了北极探险，与挪威队伍一同参与南极探险。它们身体强健，可以在极寒气候下持续工作。同时十分怕热，容易患上热射病，要充分注意。它们性格活泼，喜欢和人亲近，对主人顺从。可以和孩子建立良好的关系，是很会制造气氛的家庭伴侣犬。

　　西伯利亚雪橇犬在所有犬种中属于对运动量需求最高的品种。需要早晚各1小时的散步时间。为了满足它们的天性，可以让它们拉雪橇或人力车。运动量不足会变得神经质，无故乱叫。饲养前一定要认真思考是否能够满足它们的运动需求。

　　每周梳理一次毛发即可。但春季到夏季的换毛期会大量脱毛，这段时期要每天梳理。

（ 起源 ）

它们原是居住在西伯利亚东北部的伊奴特乔克治族人饲养的犬种，参与捕猎、拉雪橇等工作。因在1909年阿拉斯加召开的狗拉雪橇竞赛中夺得好成绩而被世界认知。之后在美国不断交配改良后，成为今天的样子。

（ 驯养 ）

与人亲近，性格活泼奔放，同时也很顽固。要重点进行服从性训练。另外，出于雪橇犬的本能，在散步时容易出现类似拉着雪橇奔跑时的状况，容易发生事故，因此一定要在幼犬时期及时训练，加以制止。

日本狆
[Japanese Chin]

基本信息

原产国	日本
种群	9
身高	25cm左右
体重	2~5kg
JKC注册数	632只

易养程度 ★ ★ ★ ★

不易生病

协调性低 ← → 协调性高

易生病

必要的运动量
★

训练强度
★ ★

耐寒性
★ ★

状况判断力
★ ★ ★ ★

小型犬

30
名

性格稳重，掉毛少，
适合室内饲养

狆，读音为zhòng。古时的日本并没有在室内养狗的习惯。然而日本狆是例外，才起名为"狆"（犬在家中之意）。正如其名，这种狗适合在室内饲养。

它们不耐寒暑，需要用空调调节到合适的温度。掉毛少，体味轻，也不喜欢破坏家具，可以放心在室内养。

祖先的宫廷生活造就了它们稳重而高贵的举止。性格乖巧，可爱，对陌生人也很温柔。但也有神经质的一面。通过社会性训练可以得到改善。需要每天进行短时间的散步，以便让它们接触更多的人和物。

为了保持被毛的优雅状态需要每天梳理。虽然体味很轻，但也要定期洗澡。

（ 起源 ）

日本狆的祖先是奈良时期由新罗（今韩国）进贡给圣武天皇的犬种。后来成为皇室、将军、各地领主的赏玩犬。佩利将军将其带出国后得到欧美国家认知。是各国的养犬俱乐部中第一种被注册的日本犬种。

（ 驯养 ）

日本狆聪明，容易训练。但自尊心强，顽固。有时会蔑视主人，不听命令。训练时态度要坚决，从幼犬时期就要着重进行服从训练。

和狗宝宝一起生活

养犬前需要知道的!

这里总结了在迎接家庭新成员之前需要了解的知识。
开始新生活之前,我们先来看看要做好哪些准备吧!

迎接狗宝宝前的  心理准备

让我们把与爱犬共同的生活充实起来!

无论通过何种方式迎接狗狗的到来,决定养犬的都是主人。既然主人希望狗狗到来,那么努力带给狗狗一个舒适的生活就成了主人的重要任务。

狗狗听不懂人类的语言,要通过表扬、奖励等措施表达主人的要求。并且积极地去理解、满足狗狗的行动欲望(想运动、想咬东西、想叫)也是非常重要的。

心理准备 1

狗宝宝是不懂规则的"婴儿"

记住了规则我就可以更好地保护你啦!

家里来了狗宝宝,所有人的心都会为之融化。但是请不要忘记,狗宝宝是完全不懂规则的"婴儿"。不仅会随地大小便,还会踩自己的便便,让人大跌眼镜。但是作为一个"婴儿"这是很正常的事。要耐心地教它。

心理准备 2

训练它是为了能够更好地一起生活

学会规则后,就会遵守规则。

很多人认为训练狗狗是为了确定上下级关系,让其顺从,这是不对的。训练是为了让狗狗可以安全、舒适地生活。人类和犬类的生活大不相同,养犬就要让狗狗适应人类的生活。所以要记住,训练是让狗狗记住人类的规则。

站在狗狗的角度思考什么才是自由的生活

英国有很多爱犬人士,一个名为皇家防止虐待动物协会的团体发布了动物福利准则。规定饲主有责任给予所饲养动物的《五项自由》。平日里要对爱犬仔细观察,确保它的安心和安全。

重要的事情还是主人你决定。

心理准备 **3**

训练无须太过严格

对于警犬、导盲犬等需要担负责任的犬种需要进行严格的训练。但是作为宠物的家庭犬就没有这个必要了。一起生活的过程中最为重要的是彼此信赖,彼此爱护。因此训练大可不必太过严格。

总是被批评,我好伤心啊!……

心理准备 **4**

溺爱与爱的区别

饿了就喂食,想散步就带出去散步。主人这样做,一开始狗狗会很开心。但是久了狗狗就会觉得"只要我要求,主人就都会满足我"。要什么就给什么,这是溺爱,这与爱是不同的。一定不能忘记要掌握主导权。

关于喂食

要根据狗狗的年龄给予营养均衡的饮食。

饲主们通常会选择复合营养的通用型狗粮。狗粮是指将每日所需的营养按照比例进行调配的食品。吃这种狗粮再配合适当饮水就可以保证狗狗的健康。

由于狗狗的一生要经历不同阶段，在每个阶段对营养的需求都会有所不同。因此要根据狗狗的年龄选择合适的食品。选择食物时遵循以下3个原则，养成狗狗健康的饮食习惯。

1

根据狗狗的年龄改变喂食次数

成犬每日的标准喂食次数是一天两次。由于幼犬胃部较小无法消化过多的食物，因此每天要喂食3~4次。根据年龄每日喂食次数有所不同。

幼犬●出生3个月之内……**每日 4 次**
幼犬●出生6个月之内……**每日 3 次**
成犬●出生6个月以后……**每日 2 次**
老犬●6~8岁以后 ………**每日 3 次**

2

要偶尔变更喂食时间和次数

每天都是固定的时间喂食，狗狗不会对吃产生兴奋感。可以在喂食方面花一点心思，把食物装进硅胶玩具中或者在散步的途中喂食。如果狗狗没有食欲也不用勉强，少吃一顿饭也没什么的。

3

用大粒的干狗粮锻炼狗狗的牙齿和下颌

从幼犬期开始尽量给予干狗粮，锻炼它们的牙齿和下颌。如果只喂湿狗粮（软饭），牙齿和下颌就会变得无力。

关于如厕

要好好地夸奖，耐心教授。

如厕训练要从狗狗到家的第一天开始进行。狗狗原本并没有在指定位置如厕的习惯，通过鼓励和夸奖可以让它们知道在指定的位置如厕就会有奖励。

如厕训练比较重要的，是尽可能地不要让狗狗失败。一开始可能不会马上学会，但是也不要惩罚，不要急躁，要耐心地训练。

●安装狗厕所

在尿盘上铺上隔尿垫。根据尿盘的大小做好围栏。围栏尺寸正好，可以避免如厕失败。

训练如厕的顺序

1 发现狗狗坐立不安，就带它去厕所

不停地嗅地面上的味道，在地上不停地转圈，就是狗狗想要排便的信号。马上带它去狗厕所吧！

2 看着狗狗排便

在狗厕所旁看着狗狗，直到它排便完毕。也可以在一旁通过语言给予鼓励。

3 顺利完成排便要给予奖励

在狗厕所里顺利完成排便要立刻给予奖励（狗零食）。让它知道在这里排便会得到奖励。

4 从狗厕所中放出来

给完奖励后就要把狗狗从狗厕所里放出来。一开始要有笼子，逐渐可以过渡到不进笼子，直接在尿盘上排便。

即便失败，我也会努力去做！

了解爱犬一生的饲养成本

养犬不能只靠爱心。为了让爱犬的一生能够得到幸福，
对饮食、医疗等饲养中的花销要有所了解。

依据狗狗的体型和被毛类型的差别，饲养成本会有很大的不同。

依据狗的不同种类，饲养时的花费也大不相同。产生差别的最大原因在于狗狗的体型。一般来说，狗狗体型越大，饮食和医疗上的费用就越高。每年会出现9万日元的差额。因此一定要根据自己的经济实力来选择狗狗。但是，如果从一生花销的角度来看，大型犬也不一定就是花销最高的。原因是下方所示的犬的平均寿命。一般来说犬类体型越大，寿命越短。

因此，即使每年大型犬的养犬成本很高，但是总开销反倒是比较低的。

另外，狗狗被毛的种类也关系到养犬成本。一般来说，短毛型的狗狗可以在家中自行打理，但长毛型的就需要定期的专业修剪。而且如果参赛，就需要更为频繁的修剪支出。

下一页介绍了狗狗需要花费的大致金额。但这是以狗狗不生病、不受伤为前提的。如果狗狗出现健康上的问题，就会花费额外的医疗费用，要做好心理准备。

了解狗狗的一生

了解狗狗每个年龄段所需要的开支。

| 0岁 | 1岁 | 2岁 | 3岁 | 4岁 | 5岁 | 6岁 | 7岁 | 8岁 | 9岁 | 10岁 | 11岁 |

幼犬期
这一时期食量较小，在饮食方面花销较小。

成犬期
运动量增加，需要购买玩具和训练用品。食量增大，导致饮食费用大幅增加。

一年要花多少钱?

下面是一只成犬在不生病、不受伤的情况下一年所需的花销。
了解一下各种体型的狗狗大致的花销。

**小型犬** —— 约 **97000** 日元

医疗费	饮食费	其他花费
45000日元	48000日元	4000日元

花销最少的小型犬每年要花费大约10万日元。

中型犬 —— 约 **143000** 日元

医疗费	饮食费	其他花费
53000日元	84000日元	6000日元

总体上比小型犬的花销有所增加。

大型犬 —— 约 **188000** 日元

医疗费	饮食费	其他花费
60000日元	120000日元	8000日元

与小型犬有约9万日元的差额。尤其是饮食费用所占比例较大。

12	13	14	15	16
岁	岁	岁	岁	岁

老犬期

大型犬从6岁左右开始衰老。医疗费用和护理费用会开始增加。

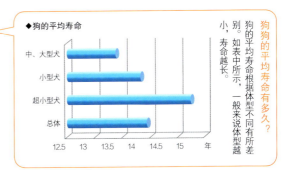

◆狗的平均寿命

狗狗的平均寿命有多久?

狗的平均寿命根据体型不同有所差别。如表中所示,一般来说体型越小,寿命越长。

※ 狗粮协会《平成24年全国狗猫实态调查》。
※ "总体"一项中包含体型不明的狗。

狗狗的生活开销有多少?

为了和爱犬愉快生活，除了饮食费用以外还有护理费用、玩具费用等。
下面进行详细解说。

●给狗狗上户口所需费用

在日本养狗首先要给狗上户口。花费约3000日元。办理后会得到下图的许可证。

犬户口
东京都00区
第000号

●初期需要购置的物品

室内外饲养会有差别。但准备好以下这些会很方便。

品名	费用
玩具	500~1500日元
笼子	3000~15000日元
项圈	800~3000日元
牵引绳	1000~3000日元
厕所	1000~3000日元
狗床	5000~15000日元
指甲刀	500~3000日元
饭盆	300~1500日元

养狗初期的 花费

第一次养狗的家庭首先要购置养狗最基本的物品。可以参照左表购买。还有不要忘记给狗狗上户口。

狗粮

狗粮所需的费用根据狗的体型和年龄有所差别，与狗粮的质量和种类也有很大关系。下表是给予成犬普通干狗粮所需要的费用。

体型	每月所需量（每天喂两次）	费用
小型犬	约3kg	3000~4000日元
中型犬	5~6kg	6000~7000日元
大型犬	9~10kg	9000~10000日元

※在给予成犬干狗粮的情况下。

每月的 花费

养狗所花费的费用中最少的是饮食费。为了保证狗狗的健康，维持外观的美丽还需要添加护理和修剪费用。

修剪

长毛型需要定期去宠物店修剪。以下是单次修剪的平均金额。参赛的话，每月需要修剪2~4次。

小型犬……约5000日元

中型犬……约7000日元

大型犬……约10000日元

消耗品

不去宠物店，在家自行对狗狗毛发进行打理至少需要以下工具。不同狗狗的体质和被毛有可能还需要购买保湿乳和毛发护理产品。

品名	费用
毛发清洗剂	500~1500日元
洗耳液	2000~3000日元
牙刷	500~1000日元
隔尿垫	1000~2000日元

以防万一，了解一下！

医疗费需要多少钱？

没有哪只狗狗一辈子都不生病，不受伤。
大致了解一下治疗所需费用，做到万无一失。

预防疾病医疗费

接种疫苗、驱虫都要花钱。各地区价格有所差别，大致价位如右图所示。

- 接种疫苗
- 预防丝虫病
- 预防狂犬病
- 预防跳蚤、扁虱等寄生虫
- 体检，验血

小型犬……45000日元
中型犬……53000日元
大型犬……60000日元

了解常见病和伤病的治疗费用

骨、关节病……**3万~4万**日元

拍摄X线片和用药大致要花费以上金额。腿部有麻痹症状时需要更为专业的检查费用。

主要的治疗
- X线片
- 用药

牙周病……**5万~10万**日元

如果牙周病严重，需要全身麻醉后进行齿科处理。
麻醉前必须进行检查，需要花费5万~10万日元

主要的治疗
- 全身麻醉
- 验血
- X线片

心脏病……**4万~5万**日元

前期检查费用需要2万~3万日元。根据用药情况，每月需要6000~3万日元的费用。

主要的治疗
- X线片
- 验血
- 用药

甲状腺功能减退症、亢进症……**2万~3万**日元

甲状腺激素检查约2万日元。
如需投入激素类药物，将长期需要每月约1万日元。

主要的治疗
- 甲状腺激素检查
- 激素类药物

每年所需保险金额
（以3岁狗为例）

小型犬……2.5万~4万日元
中型犬……3万~5万日元
大型犬……3.5万~6.5万日元
↓
可报销总医疗费用的50%~70%

灵活运用宠物保险

狗狗不像人类有保险制度，它们的医疗费用绝不是个小数目。这里推荐大家购买宠物保险。如左例所示，很多保险可以报销50%~70%的医疗费。为了爱犬能够获得充分的治疗，建议大家购买保险。

※上面所述均为大致金额，依据病情和所在地区，治疗费用会有所差异。

关于混合疫苗

必须接种混合疫苗。但疫苗究竟是什么呢？
我们来学习一下吧。

● 混合疫苗接种的标准流程

首次
接种混合疫苗 = 出生后 42〜60天

↓

第二次
接种混合疫苗 = 距上次接种 约一个月后

↓

第三次
接种混合疫苗 = 距上次接种 约一个月后

↓

之后每年接种

为什么幼犬时要接种3次？

幼犬可以从母犬获得免疫，只要这个免疫依然有效，就不能形成抗体。通常疫苗要接种两次。为防止第一次接种无效，要接种3次。

接种疫苗可以保护爱犬不受细菌和病毒的侵害！

注射疫苗是为了让身体对外界侵入的细菌和病毒产生免疫。所谓疫苗就是人工感染。通过注射已被削弱或杀死的细菌或病毒，故意让肌体感染，从而引发免疫反应将病毒和细菌排出体外。再次感染时身体就会自然做出免疫反应。是一种通过轻度感染使肌体对自然界的细菌和病毒具备抵御能力的方法。

现在普遍应用的疫苗分为减毒疫苗和灭活疫苗。减毒疫苗是有意地削弱细菌或病毒毒性的疫苗，预防效果好，效果持续时间长。而灭活疫苗中的细菌和病毒已经被杀死，与减毒疫苗相比，存在效果持续时间短的缺点。

两种疫苗都是通过注射进行接种。通常会使用几种疫苗的混合剂，可以预防多种疾病。现在的主流混合疫苗有5种、7种、8种和9种等。但也会因所在地区和兽医院有所差别。请在接种疫苗的时候与兽医师确认。

● 混合疫苗的标准明细

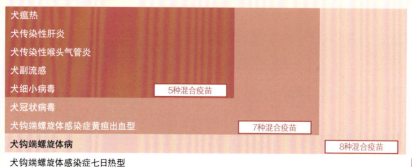

犬瘟热
犬传染性肝炎
犬传染性喉头气管炎
犬副流感
犬细小病毒 — 5种混合疫苗
犬冠状病毒
犬钩端螺旋体感染症黄疸出血型 — 7种混合疫苗
犬钩端螺旋体病 — 8种混合疫苗
犬钩端螺旋体感染症七日热型 — 9种混合疫苗

※混合疫苗。

100种
人气犬种图鉴
31~100
名 名

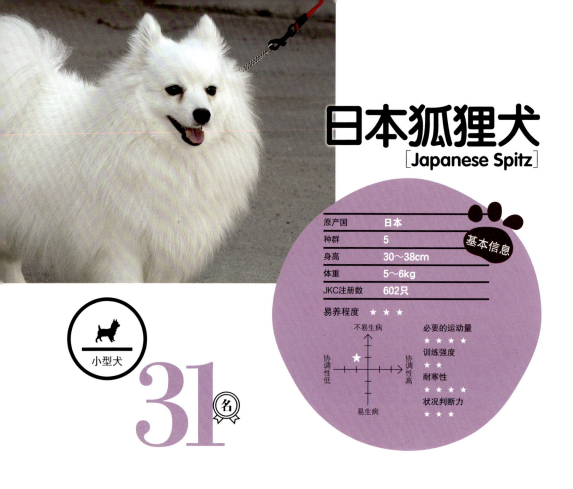

日本狐狸犬
[Japanese Spitz]

原产国	日本
种群	5
身高	30～38cm
体重	5～6kg
JKC注册数	602只

基本信息

易养程度 ★ ★ ★

不易生病

必要的运动量
★ ★ ★

训练强度
★ ★

协调性低　协调性高

耐寒性
★ ★ ★ ★ ★

状况判断力
★ ★ ★

易生病

小型犬

31 名

蓬松的纯白被毛充满魅力

日本曾在昭和20年代后半期到30年代掀起过一股饲养日本狐狸犬的潮流。但由于这种狗特别爱叫，叫声又大，人气逐渐低落。后来经过改良，人气又逐渐恢复。

毛色只有纯白色。颈部和尾部有鬃毛一样丰富的饰毛。头部有适度的宽度和弧度，口吻前端稍圆，褐色的鼻子、杏仁形的眼睛是它的特点。

性格开朗爱玩，动作舒展，活泼，积极主动。警惕性强，对主人有爱，顺从又忠实。一有可疑的动静会立刻做出反应，是优秀的看门犬。

它们体质好，不易生病，容易饲养。毛量大，每天都要梳理。要训练它们不要乱叫。

(起源)

其祖先是原产于德国的大型白色丝毛犬，也被称为小型萨摩耶犬。

元气满分的纯白梗犬

纯白色的梗犬,体型虽小但身体结实有力。胸廓和躯干宽,四肢短,肌肉紧实。眼间距宽,大大的黑鼻头。耳朵直立,顶部尖。被毛硬,尾巴直立。

性格开朗活泼,俏皮。好奇心旺盛,喜欢恶作剧。社交性强,喜欢和主人撒娇。但独立性强,自尊心强,顽固好胜。

理想的饲养条件是有一个可以自由运动的开阔空间。西高地白梗爱叫,要训练它们不要乱叫。它们争强好胜,要从幼犬期就开始训练,不要娇惯。每天梳理,可以保持被毛状态。有污垢可以干洗。

（起源）

它们的祖先和其他原产苏格兰地区的梗犬一样。最直接的祖先是凯恩梗犬。

西高地白梗
[West Highland White Terrier]

32名

小型犬

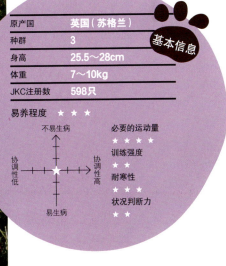

基本信息	
原产国	英国（苏格兰）
种群	3
身高	25.5～28cm
体重	7～10kg
JKC注册数	598只

易养程度 ★★★

不易生病

必要的运动量
★★★★

协调性低　　　协调性高

训练强度
★★

耐寒性
★★★

易生病

状况判断力
★★

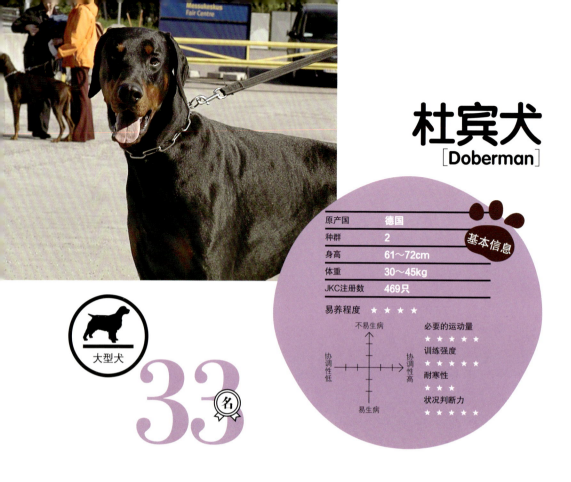

杜宾犬
[Doberman]

基本信息	
原产国	德国
种群	2
身高	61～72cm
体重	30～45kg
JKC注册数	469只

易养程度 ★ ★ ★ ★

大型犬

33名

不易生病

协调性低　　　　协调性高

易生病

必要的运动量
★ ★ ★ ★ ★

训练强度
★ ★ ★ ★ ★

耐寒性
★ ★ ★

状况判断力
★ ★ ★ ★ ★

外表硬汉，内心温柔

（ 起源 ）

由19世纪德国的夜警、野犬捕获员路易斯·杜伯尔曼先生培育出来。1930年在日本被作为军事用犬。

精炼的身线，结实的肌肉，使行动敏捷有力。曾经以尖耳和短尾巴为特征，但其实是裁耳和断尾的结果。现在欧洲各国已禁止裁耳和断尾。圆润的垂耳和细长的尾巴才是它们的真面目。

杜宾犬勇敢又警惕，对各种训练都能很快掌握，经常被作为看门犬饲养。同时也是优秀的军犬和警犬。它们平时很爱撒娇，性格天真。在室内倾注爱心饲养的话，可以成为稳重的家庭犬。

饲养上需要充分的空间。它们怕冷，要注意温度管理。具有攻击性，要从小进行社会性训练和服从性训练。需要很大的运动量，不适合新手饲养。

有着白熊般外表的大型犬

有着让人误认为是小熊的巨大体型。全身雪白，头部巨大，黑色鼻子，杏仁形眼睛。小三角形的垂耳，前端圆润。尾巴长而垂。

它们性格稳重，深情，对主人顺从。勇敢，有护主心。自古就作为看门犬帮助人类。在欧洲现在依旧作为牧羊犬活跃在牧场。同时也作为家庭犬深受喜爱。

饲养上需要充分的空间，保证其运动。大白熊犬不耐热，夏季要注意温度管理。被毛厚，易打结，需要每天用针梳仔细打理。口水多，要经常擦拭嘴巴周围。性格温和，但力量很大，要做服从性训练。

起源

大白熊犬自公元前就在法国与西班牙交界处的比利牛斯山脉作为牧羊犬工作。在中世纪的法国作为城堡的看门犬受到贵族们的喜爱。

大白熊犬
[Great Pyrenees]

34 名

大型犬

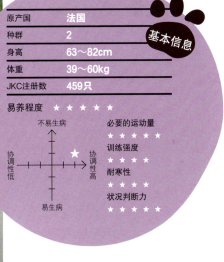

原产国	法国
种群	2
身高	63~82cm
体重	39~60kg
JKC注册数	459只

基本信息

易养程度 ★ ★ ★ ★ ★

不易生病

协调性低　　　　　协调性高

易生病

必要的运动量
★ ★ ★ ★ ★

训练强度
★ ★ ★ ★

耐寒性
★ ★ ★ ★ ★

状况判断力
★ ★ ★ ★ ★

拳师犬
[Boxer]

中型犬

35 名

突出的下颌可以死死地咬住猎物

(起源)

拳师犬同时拥有几种犬类的血统，包括19世纪末用于狩猎熊和豪猪的比利时獒犬、梗犬等。

坚硬的被毛覆盖着结实的身躯，勇敢中带着优雅。肌肉紧实，身高和体长基本相同，呈方形。毛色有浅黄褐色和虎皮纹，头部、口吻、颈部、胸部、四肢有白色的印记。

拳师犬原本是作为斗犬和斗牛犬培育出来的，因此危急时刻可以显露出斗志，发挥防御本能。现在被改良成了温柔的性格，对主人忠实又有献身精神，作为家庭犬受到喜爱。因为监视能力强也被用于警犬和军犬。作看门犬也很优秀。

拳师犬不耐寒暑，要注意温度管理。运动量大，饲养需要一定经验。它比较憨直，内心容易受伤，因此训练不要太过严厉，要多加爱护。

可爱的垂耳小型梗犬

　　身长腿短的体型使诺福克梗行动起来非常可爱。垂耳，耳梢略圆，紧贴面部。被毛如铁丝般坚硬，性格阳光活泼。好奇心强，喜欢恶作剧。依赖性强，对孩子和其他动物宽容。但也有独立性强的一面。发现可疑人或声音就会吠叫，是优秀的看门犬。

　　饲养上需要准备足够宽敞的空间，供其玩耍。如果它们住在集体住宅，需要训练它们不要乱叫。它们有着略微顽固的梗犬气质，要从幼犬期开始就严格训练。

　　诺福克梗的被毛护理较为简单，每周用刷子梳理2~3次即可。尤其是眼睛和嘴巴周围容易弄脏，要经常擦拭。

（ 起源 ）

19世纪后半期在英格兰由爱尔兰梗和波达梗杂交出立耳和垂耳的两种犬。后来垂耳的品种被定义为诺福克梗。

诺福克梗
[Norfolk Terrier]

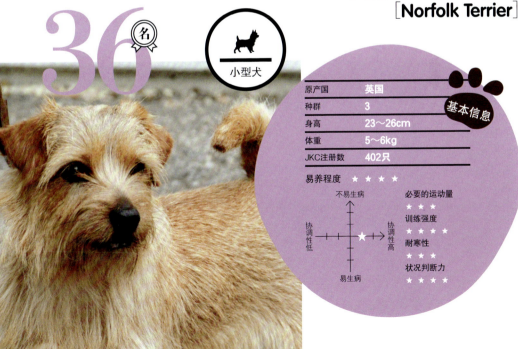

36 名

小型犬

原产国	英国
种群	3
身高	23～26cm
体重	5～6kg
JKC注册数	402只

基本信息

易养程度 ★ ★ ★ ★

不易生病

协调性低　　　　协调性高

易生病

必要的运动量
★ ★ ★

训练强度
★ ★ ★ ★

耐寒性
★ ★ ★

状况判断力
★ ★ ★ ★

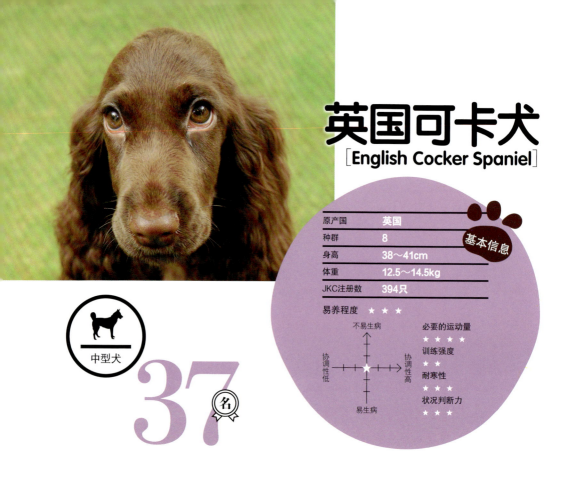

英国可卡犬
[English Cocker Spaniel]

中型犬

37名

在猎鸟中体现真正的价值，性格温和喜欢与人亲近

（ 起源 ）

英国可卡犬起源于英国威尔士地区及英格兰西南部。由原产于西班牙的猎犬的子孙培育而来。从17世纪开始被用于狩猎山鹬。

英国可卡犬原本是被用作捕获山鹬的猎鸟犬。其特点是身躯肌肉紧实。有白底+各色花纹、全身分布白色斑点等多种毛色。头部毛短，身体是中等长度的双层被毛。

它们具有猎鸟犬的行动力和活力，性格开朗活泼，但也不乏稳重。独立性强，但对主人顺从。对于环境有很强的适应能力，身体健壮，属于容易饲养的犬种。性格温文尔雅，适合集体住宅饲养。也可以与其他犬类共同饲养。为了预防皮肤病，每天散步后需要用针梳梳理被毛。运动量不足会产生精神压力，因此每天早晚散步之外再增加一些犬类竞技项目也是很好的选择。

波浪似的卷毛有防水效果，是对主人忠诚的工作狂

平毛寻回犬除了脸以外全身其他部分都覆盖着具有防水功能的细细的卷曲毛发。因此，自古便被用作在水边狩猎。它们的口吻长，适合衔取猎物。同时具有追赶猎物的持久体力和衔取回收猎物的能力。被毛颜色为有光泽感的黑色或猪肝色。

它们在狩猎时小心谨慎、动作麻利，但在家时却是稳重温柔的性格。不怕生人，和任何人都可以撒欢儿嬉戏。但也有足够的警惕性，可以很好地完成看家犬的工作。

原本是家庭犬、猎犬、回收犬三位一体的犬种，因此非常容易饲养。从幼犬期开始就要对它们进行服从性训练，每天给予早晚各1小时的运动时间，可以玩捡球、游泳等游戏来满足它们的回收本领。被毛要用宽大的梳子梳理。

（ 起源 ）

其祖先是纽芬兰犬和英国古老的水犬交配而来的。为了培育卷毛又加入了贵宾犬的血统。

平毛寻回犬
[Flat-Coated Retriever]

38
名

大型犬

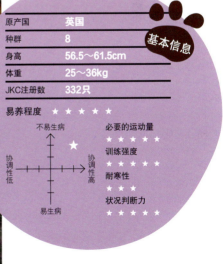

原产国	英国
种群	8
身高	56.5～61.5cm
体重	25～36kg
JKC注册数	332只

基本信息

易养程度 ★ ★ ★ ★ ★

不易生病

必要的运动量
★ ★ ★ ★ ★

训练强度
★ ★ ★ ★ ★

协调性低

协调性高

耐寒性
★ ★ ★

易生病

状况判断力
★ ★ ★ ★ ★

大丹犬
[Great Dane]

基本信息

原产国	德国
种群	2
身高	70～81cm
体重	45～54kg
JKC注册数	322只

易养程度 ★ ★ ★ ★

大型犬

39 名

不易生病

必要的运动量
★ ★ ★ ★ ★

训练强度
★ ★ ★

协调性低　　　协调性高

耐寒性
★ ★ ★

状况判断力
★ ★ ★ ★

易生病

在德国诞生的大型犬，身体瘦长却很有力

(起源)

一般认为大丹犬具有原始斗牛犬（一种古老的斗牛犬，已灭绝）和英国獒犬的血统。其名字的含义为大型丹麦狗。

大丹犬体型高大，威风凛凛。肌肉紧实，曲线优美。头部细长，长方形口吻。尾巴细长、下垂。被毛短而浓密，有光泽。毛色除了有黑、蓝等单色外，还有带条纹或斑点的。通常是垂耳，也有断耳后变为立耳的。

大丹犬性格温柔善良，对家人忠诚。忍耐力强，对孩子宽容。但对陌生人表现比较内敛。它们勇敢而有责任心，同时心思细腻和谨慎。

饲养大丹犬需要足够大的空间，饲主带它们运动和准备饮食方面的工作量都很大，更适合有丰富养犬经验的人士饲养。被毛每天要用梳子梳理，它们聪明，容易训练，适合作家庭犬。

拥有紧实的流线型身躯的猎犬

这是一种拥有完美流线型曲线身材的大型犬。背幅宽，肌肉丰富，胸底深，从腰部到臀部展现出完美的曲线。相对于下颚，鼻子大且突出。被毛有卷或弯曲，呈柔软的长丝线状。头部、耳朵和前腿毛短，颈部毛量丰富。

俄罗斯猎狼犬相貌优雅，会对家人撒娇。对孩子也很友好。感觉敏锐，心细，对外人会展示出戒备心。

它们本是猎犬，因此运动量需求大，很难驾驭，不适合缺乏饲养经验的新手饲养。和其他动物一起饲养也需要小心，要让它们多接触生人，进行社会性训练和服从性训练。心思细腻，严厉斥责会起到与预期相反的效果。一定要多加鼓励和表扬。

它们自古在俄罗斯被用于猎狼。其曾用英文名为Russian Wolfhound（俄罗斯猎狼犬）。后来为了体现其聪敏和机灵于1936年改名为Borzoi（波索犬）。但中文名依旧沿用俄罗斯猎狼犬。

俄罗斯猎狼犬
[Borzoi]

40 名

大型犬

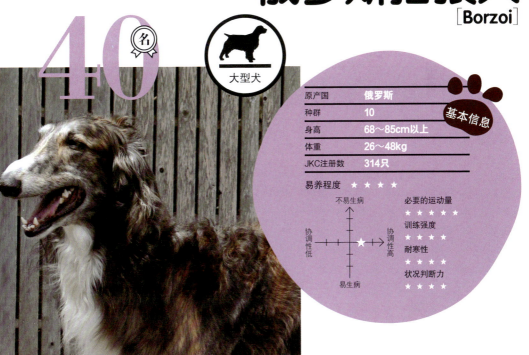

基本信息	
原产国	俄罗斯
种群	10
身高	68～85cm以上
体重	26～48kg
JKC注册数	314只

易养程度 ★ ★ ★ ★

不易生病

协调性低 ——★—— 协调性高

易生病

必要的运动量 ★ ★ ★ ★ ★

训练强度 ★ ★ ★

耐寒性 ★ ★ ★ ★

状况判断力 ★ ★ ★

德国牧羊犬
[German Shepherd Dog]

原产国	德国
种群	1
身高	55～65cm
体重	22～40kg
JKC注册数	309只

易养程度 ★ ★ ★ ★

不易生病

↑

协调性低 ←———————→ 协调性高

↓

易生病

必要的运动量
★ ★ ★ ★ ★

训练强度
★ ★ ★ ★ ★

耐寒性
★ ★ ★ ★ ★

状况判断力
★ ★ ★ ★ ★

大型犬

41 名

拥有优秀的头脑和运动能力，在各领域大展身手

（ 起源 ）

其祖先是几百年前就开始活跃在德国山区的牧羊犬。德国陆军于1880年将其用作军犬，之后通过不断改良成为万能的工作犬。

德国牧羊犬由于其出众的运动能力和学习能力，在警犬、军犬、导盲犬等岗位中为人类社会做出了极大的贡献。体长比身高略长，体型魁梧，耳朵直立于头部较高的位置。浓密的短毛粗而硬，颈部及腿部被毛略长。毛色为黑底加黑檀色、黄色、棕色或灰色等。

它们性格勇敢，对主人及家人忠诚。性格稳重，不易兴奋，充满自信。可以麻利地完成各种特殊工作。判断敌我的能力极其优秀，对陌生人会保持警惕。

饲养时需要充足的空间。运动量大，需要进行适当的训练。它们优秀的潜力需要通过足够的训练激发出来，因此饲主需要有丰富的饲养经验。易掉毛，需要细致打理。

诞生于日本的大型忠犬

1931年秋田犬被日本指定为天然纪念物。第二次世界大战后在美国成立了秋田犬俱乐部。这种犬是在日本国内外都受到很高的评价。骨骼粗壮，身材比例好。是原产于日本的犬类中体型最大的犬种。眼梢上挑，耳朵小，呈三角形，直立。尾部粗壮有力，毛量丰富。毛色有红色、橘红色、浅黄色等。

正如著名的"忠犬八公"那样，秋田犬对主人非常忠诚，并深爱着自己的主人。性格冷静沉着，行动不多。但有很强的防御本领，遇到危险的人和动物时会保护主人，展现其机敏和勇敢的一面。它们聪明、感觉敏锐，有强烈的领地意识，是很优秀的看门犬。

饲养时需要足够的空间。由于体型大，力量强，在幼犬期就要进行社会性训练。被毛每天简单梳理即可。

其祖先是在日本秋田地区参与捕熊的玛塔吉犬。之后也曾与外国的犬种进行交配。但是在第二次世界大战后的改良过程中去除了外国犬的特点，保留了秋田犬现在的样子。

秋田犬
[Akita]

42 名

大型犬

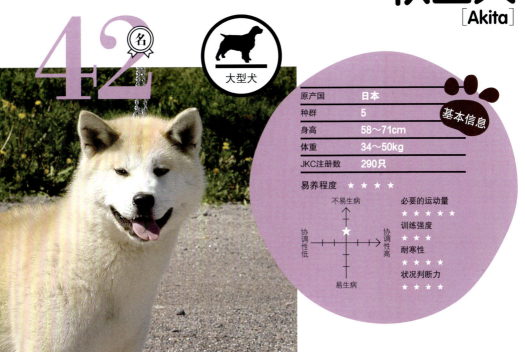

原产国	日本
种群	5
身高	58～71cm
体重	34～50kg
JKC注册数	290只

基本信息

易养程度 ★ ★ ★ ★

不易生病

必要的运动量
★ ★ ★ ★ ★

训练强度
★ ★ ★ ★ ★

耐寒性
★ ★ ★ ★ ★

状况判断力
★ ★ ★ ★ ★

协调性低　　　协调性高

易生病

中国冠毛犬
[Chinese Crested Dog]

原产国	中国
种群	9
身高	23～33cm
体重	5.5kg以下
JKC注册数	264只

基本信息

易养程度 ★ ★ ★

不易生病

必要的运动量
★ ★

协调性低　　协调性高

训练强度
★ ★ ★

耐寒性
★ ★

易生病

状况判断力
★ ★ ★

小型犬

43 名

（ **起源** ）

其祖先是墨西哥人饲养的无毛犬。有研究人员认为它们和吉娃娃有一定的联系。近年来通过对其DNA的研究发现，它们和非洲的巴森吉犬也有血缘关系。

外表独特的小狗狗

因犬头顶有冠毛，很像清朝官员的帽子所以得名中国冠毛犬。外形非常独特。有两种类型，一种正如其名，是只有头部、腿部和尾巴覆盖被毛的无毛型。另一种是有着柔软面纱状长毛的粉扑型。同一窝幼犬中可能同时出现这两种类型。

中国冠毛犬性格开朗活泼，高傲，谨慎，会对主人撒娇。但也有胆小的一面。对陌生人会吠叫或蜷缩地藏起来。

无毛型在盛夏季节需要涂抹防晒霜等进行保湿，也可以穿狗衣服。粉扑型需要每天梳理毛发。

运动上，要选择在温暖的时间进行短时的散步。它们怕冷和曝晒，一定要小心照顾。

身披灰色被毛的猎犬

威玛猎犬灰色的被毛美丽又富有光泽。毛色会根据季节发生变化，夏季在烈日照射下会变成褐色，冬季又会变回灰色。身体肌肉丰富、紧实。位置高而宽的垂耳会垂至嘴附近。耳朵前端呈圆弧状。

威玛猎犬动作快速敏捷，嗅觉、速度、体力卓越，是优秀的猎犬。平时乖巧，爱亲近人，会和主人撒娇。忠于主人，但也有顽固的一面。

饲养上需要确保有宽敞的空间。它们毛短，怕冷，要注意控制温度。性格老实，但毕竟属于猎犬，还是要彻底做好服从性训练。

被毛短，基本不掉毛，偶尔梳理即可。

(起源)

关于威玛猎犬的起源有多种说法，但基本认定它们具有古代布拉德猎犬的血统。19世纪30年代在德国威玛地区的宫廷饲养，并作为猎犬活跃。

威玛猎犬
[Weimaraner]

44 名

大型犬

原产国	德国
种群	7
身高	55～70cm
体重	25～40kg
JKC注册数	254只

基本信息

易养程度 ★ ★ ★ ★

```
              不易生病
                 ↑
协调            │            协调
性             │            性
低 ──────────★──────────→ 高
                 │
                 ↓
              易生病
```

必要的运动量
★ ★ ★ ★ ★

训练强度
★ ★ ★ ★ ★

耐寒性
★ ★ ★

状况判断力
★ ★ ★ ★

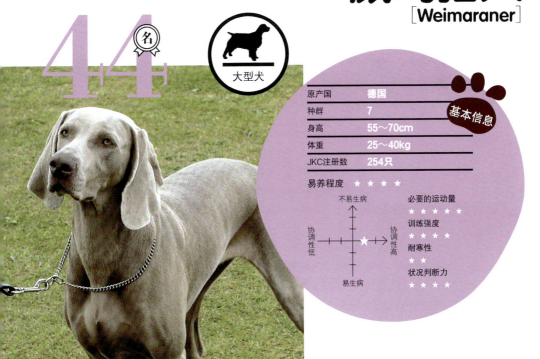

115

惠比特犬
[Whippet]

原产国	英国
种群	10
身高	44～56cm
体重	9～13kg
JKC注册数	248只

基本信息

易养程度 ★ ★ ★ ★

必要的运动量
★ ★ ★ ★

训练强度
★ ★ ★ ★

耐寒性
★ ★

状况判断力
★ ★ ★ ★

不易生病
易生病
协调性低
协调性高

中型犬

45 名

犬中的飞毛腿

它的名字来源于"鞭打"一词。由于其奔跑姿态如被鞭打的骏马一般，故得此名。流线型身材，肌肉发达，颈部弧度优美。耳朵背向后面，紧张时会半直立。被毛细且短，有灰色、黄色等。

惠比特犬性格稳定，对主人和家人顺从。认为主人身边就是最幸福的地方。

惠比特犬聪明，对训练可以快速掌握。要从幼犬期开始训练，防止它们追赶其他动物。它们不爱乱叫，适合在集体住宅饲养。不耐寒，要做好保暖措施。

被毛用拧干的毛巾擦拭后再梳理即可。

(起源)

惠比特犬是在约100年前的英国，由小型灰色猎犬与曼彻斯特梗、贝灵顿梗、白梗等交配而来的。

覆盖着水珠状斑点，
充满活力的狗狗

大麦町犬最大的特点就在于白色毛上的水珠形斑点。背部有力，挺直，胸底深，肩部肌肉发达，线条流畅。颈部长，弧度优美。毛色是白色的，上面布满黑色或棕色斑点。刚出生的幼崽浑身纯白色，出生后10天左右逐渐显现出斑点。

大麦町犬曾经是马车的护卫犬，因此具有优越的体力、耐力和毅力。性格开朗、活泼，精力充沛。喜欢和主人以及家人待在一起。警惕性强，对陌生人会保持警惕。

它们有神经质的一面，要从幼犬期开始进行社会性训练，防止它们变得胆小。头脑聪明，幼犬较为顽皮，训练上需要毅力。

另外，大麦町犬毛短，无须特殊打理。

有观点认为大麦町犬原产自原南斯拉夫大麦町地区。确切的起源不详。在古埃及壁画以及14世纪60年代的意大利绘画中都留有它们的身影。

大麦町犬
[Dalmatian]

46 名

大型犬

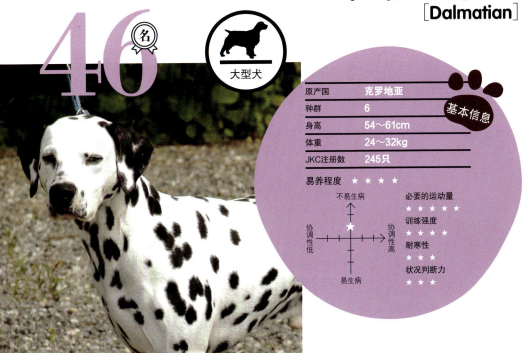

基本信息	
原产国	克罗地亚
种群	6
身高	54～61cm
体重	24～32kg
JKC注册数	245只

易养程度 ★ ★ ★ ★

不易生病

必要的运动量
★ ★ ★ ★ ★

协调性低　　协调性高

训练强度
★ ★ ★ ★

易生病

耐寒性
★ ★ ★ ★

状况判断力
★ ★ ★

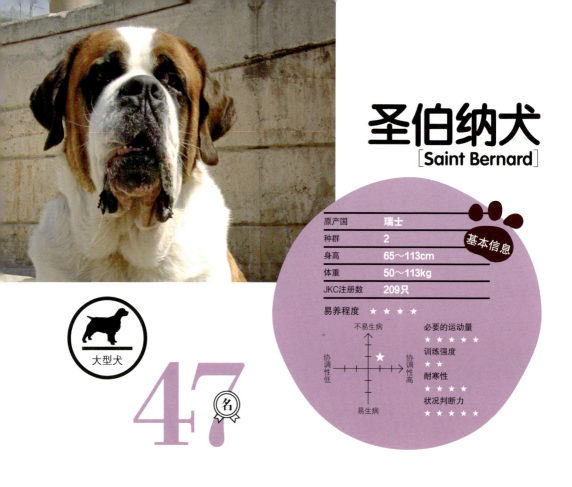

圣伯纳犬
[Saint Bernard]

原产国	瑞士	
种群	2	基本信息
身高	65～113cm	
体重	50～113kg	
JKC注册数	209只	

易养程度 ★ ★ ★ ★

不易生病

必要的运动量
★ ★ ★ ★ ★

训练强度
★ ★

协调性低 　 协调性高

耐寒性
★ ★ ★ ★

易生病

状况判断力
★ ★ ★ ★

大型犬

47名

活跃在山岳地带的超大型救护犬

（ 起源 ）

由藏獒与古罗马军队攻占瑞士时携带的犬种交配产生的后代就是圣伯纳犬的祖先。19世纪作为救护犬名声大振。

在所有犬种中圣伯纳犬是体重最大的品种，最大的犬身高可达90cm，体重达到113kg。由于在瑞士与意大利边境的阿尔卑斯山脉救助遇难人员而广为人知。头部宽大，颈部下方皮肤松弛下垂。毛色为白底加棕色、深棕色斑纹。

与彪悍的外形相反，圣伯纳犬性格温和稳重。喜欢对主人和家人撒娇，但警惕性强，不轻易对外人表露感情。

它们体型庞大，不适合在室内饲养。历史上活跃于阿尔卑斯山脉，因此夏季需要避暑。力量大，饲养它们必须彻底进行服从性训练。同时它们也具有顽固的一面，训练它们需要耐心。被毛每周梳理一次即可。

英姿飒爽的黑色古老犬种

罗威纳犬是历史最为古老的犬种之一。胸部发达，体格健壮，给人以勇猛的印象。它们有着杏仁形的眼睛，三角形的垂耳，个别会断尾。被毛长度中等，粗而密集。毛色为黑色，脸颊、口吻、胸部和腿部有明显的深棕色。

它们外表凶猛，但在主人和家人面前会体现出愉快的性格。勇敢、胆大，警惕性强，是非常优秀的看门犬。同时还可以胜任警犬、导盲犬和灾害救护犬等工作。

罗威纳犬聪明，学习能力强，可以掌握各种训练内容。但是由于体格庞大，力量强大，从幼犬期开始必须进行社会性训练和服从性训练。雄性罗威纳犬对其他动物有攻击性，需要充分注意。运动量大，适合具有丰富饲养经验的人饲养。

起源

罗威纳犬的祖先是古罗马军队进攻中欧时负责保护士兵和驱赶家畜的犬种。之后与德国土著犬交配，曾用于拉车。

罗威纳犬
[Rottweiler]

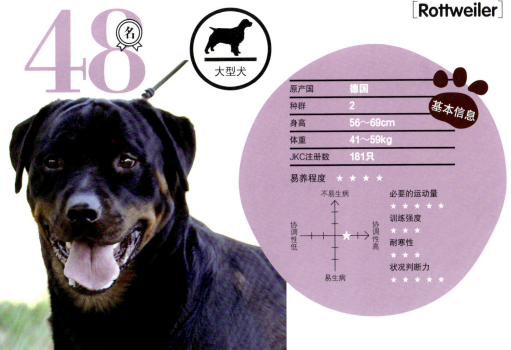

48名

大型犬

原产国	德国
种群	2
身高	56～69cm
体重	41～59kg
JKC注册数	181只

基本信息

易养程度 ★ ★ ★ ★

不易生病

必要的运动量
★ ★ ★ ★ ★

协调性低　协调性高

训练强度
★ ★ ★ ★

耐寒性
★ ★ ★

易生病

状况判断力
★ ★ ★ ★ ★

布鲁塞尔格里芬犬
[Brussels Griffon]

原产国	比利时
种群	9
身高	18～20cm
体重	3.5～6kg
JKC注册数	175只

基本信息

易养程度 ★ ★ ★ ★

不易生病

协调性低	协调性高

易生病

必要的运动量
★ ★

训练强度
★ ★

耐寒性
★ ★

状况判断力
★ ★ ★

小型犬

49 名

魅力十足的大胡子

（起源）

相传其祖先是15世纪左右出现在比利时的一种粗毛的小型犬。与巴哥犬、猴犬、约克夏梗等交配产生。

布鲁塞尔格里芬犬脸上乱蓬蓬的毛发让人觉得十分滑稽。略微卷曲的刚毛呈现出大胡子的样子，微微上翘的鼻子和大眼睛，加上丰富的表情更是显得十分可爱。

它们具有很强的捕鼠能力，曾负责在马厩捕捉老鼠等动物和看守马车。后来由于受到比利时王妃的喜爱而人气暴增。

布鲁塞尔格里芬犬是比利时原产的西伯利亚格里芬犬、小布拉班松犬的兄弟犬种。这3种犬在日本被认定为3种不同的品种。

这种犬性格上比较矛盾，对主人会表现出明朗活泼、精力十足的一面。对陌生人会很神经质，比较高傲。

为保持毛发的状态需要定期修剪。脸颊和口吻处容易弄脏，需要经常清理。

快活的刚毛梗犬

刚毛狐狸犬全身覆盖铁丝般的刚毛，在英国有着很高的人气。肌肉发达，四肢修长，身体整体呈匀称的四边形。特点是有眉毛和大胡子。曾经是茶褐色的被毛，后来为了不被误认为是狐狸而被猎杀，改良成了白色基调。

它们性格开朗活泼，好奇心旺盛。对主人和家人充满爱意。但独立性强，十分好胜，有倔强的一面。勇敢，感觉敏锐，对外人和其他犬类会表现出警戒性。

刚毛狐狸犬有着明显的梗犬气质，爱叫，所以要从幼犬期开始严格训练它们不要乱叫。

被毛每周梳理2~3次，每月修剪一次左右。嘴周围易脏，要经常清理。

(起源)

它们有着很古老的历史，但确切的起源不详。18世纪被称为狐狸梗，曾参与英国贵族的猎狐活动。

刚毛狐狸犬
[Wire Fox Terrier]

50 名

中型犬

原产国	英国
种群	3
身高	39cm以下
体重	8.25kg左右
JKC注册数	174只

基本信息

易养程度 ★★

不易生病

协调性低　　　　　　协调性高

易生病

必要的运动量
★★★

训练强度
★★★

耐寒性
★★★

状况判断力
★★

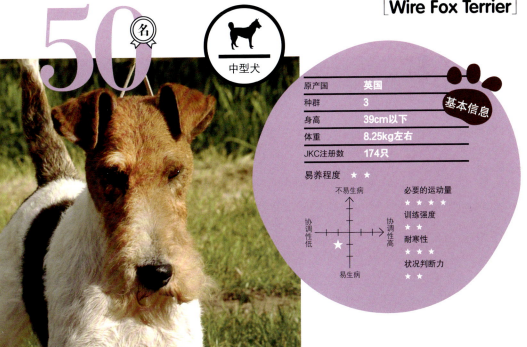

121

迷你牛头梗
[Miniature Bull Terrier]

原产国	英国
种群	3
身高	36cm以下
体重	11～15kg
JKC注册数	167只

基本信息

易养程度 ★ ★ ★

```
                    不易生病
                       ↑
协调性              ★   →      协调性
低                              高
                       ↓
                    易生病
```

必要的运动量
★ ★ ★ ★
训练强度
★ ★ ★ ★
耐寒性
★ ★ ★
状况判断力
★ ★ ★

小型犬

51名

人气上升中的小型牛头梗

（ 起源 ）

迷你牛头梗是挑选普通型牛头梗中体型较小的来进行交配而产生的。1863年曾设置了4.5kg以下的级别，但由于体格孱弱一度濒临灭绝。

除了体型以外，外形和牛头梗基本相同。牛头梗起初被用于捕鼠，但在20世纪初一度濒临灭绝。后来被爱犬人士拯救，1939年以迷你牛头梗的名称得到公认，受到了人们的喜爱。

外形上，头呈椭圆形，眼睛呈细长的三角形。体格健壮，肌肉丰富，四肢短粗。毛发坚硬茂密，有光泽。毛色有白色、深棕色、红色、浅棕色等。

迷你牛头梗顽固，有主见，好斗，但对主人忠诚，喜欢讨好家人。

出于其好斗的性格，从幼犬期开始必须彻底地进行服从性训练。与其他动物共处一室也要格外小心。需要勤洗澡。

顽固而忠诚的"苏格兰小子"

苏格兰梗是在苏格兰土生土长的梗犬，因此有着"苏格兰小子"的爱称。身体细长，适合钻入洞穴捕捉猎物。头部相对于身体略大，特点是它的大眉毛和大胡子。

它们独立性强，高傲，对外人会表现出警惕性。接触陌生人需要费一些时间。但是对主人非常忠实，随着信赖关系的加深，会变得非常顺从。

苏格兰梗有着很强的梗犬气质，因此要彻底地进行服从性训练和培养它们的社会性。性格顽固，训练它们需要有耐心。苏格兰梗对其他狗和动物有攻击性，要十分小心。被毛属于刚毛型，每周梳理3次，并定期洗澡。

起源

苏格兰梗曾参与捕捉狐狸、獾和水獭。其祖先是苏格兰土著梗犬。1883年由于被美国总统富兰克林·罗斯福饲养而闻名。

苏格兰梗
[Scottish Terrier]

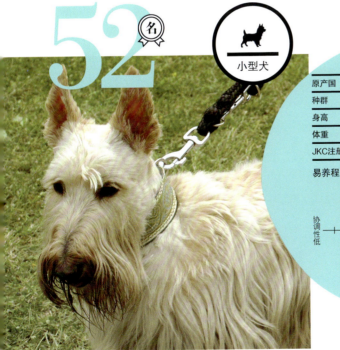

52 名

小型犬

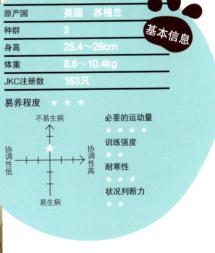

基本信息	
原产国	英国 苏格兰
种群	3
身高	25.4～28cm
体重	8.6～10.4kg
JKC注册数	163只

易养程度 ★ ★ ★

```
            不易生病
              ↑
              ★
协调性低 ←————┼————→ 协调性高
              │
              ↓
            易生病
```

必要的运动量

训练强度
★ ★

耐寒性
★ ★

状况判断力
★ ★

澳大利亚牧羊犬
[Australian Shepherd]

原产国	美国
种群	1
身高	46～58cm
体重	16～32kg
JKC注册数	163只

基本信息

易养程度　★ ★ ★ ★ ★

不易生病

必要的运动量

协调性低 ←———★———→ 协调性高

训练强度

耐寒性
★ ★ ★

状况判断力
★ ★ ★ ★ ★

易生病

大型犬

53 名

（ 起源 ）

澳大利亚牧羊犬的祖先是澳大利亚以及新西兰原产的牧羊犬。虽然名字叫作澳大利亚牧羊犬，但实际上是在美国进行的改良。因西部剧和牧人竞技表演赛而收获了人气。

体力充沛，充满工作热情的大型犬

它们本是在澳大利亚、新西兰广袤的大地上诱导羊群的牧羊犬，因此聪明、谨慎，充满工作热情，而且有着可以持续工作一整天的傲人体能。

澳大利亚牧羊犬的体型和脸型与边境牧羊犬相似，但体型略大，实际比外观更加粗壮和结实。颜色有蓝色、芸石色（也称陨石色）、黑色、红色芸石色、全红色带白色或深棕色斑纹（澳洲牧羊犬和边境牧羊犬的花色之一，有些难以形容，属于花的……被称为陨石色）。

它们学习能力强，容易训练，过于放纵会变得娇蛮。主人要发挥领导作用，采取贯穿始终的训练方法。它们对声音敏感，要训练它们不要乱叫。被毛需要每天梳理，为了预防皮肤病换毛期要更为仔细地处理脱落的毛发。适合挑战敏捷性训练和运动。

活跃在南阿尔卑斯地区的日本猎犬

甲斐犬自古便生活于日本的山梨县，是参与捕鹿和熊的狩猎犬。1934年被指定为日本天然纪念物。毛色为接近于黑色的深褐色，并掺有虎纹，因此也被称为甲斐虎毛犬。偏红色的被毛称为红虎毛，偏黑色的被毛称为黑虎毛，两者中间的被毛称为中虎毛。

甲斐犬性格勇敢而沉着。对主人和家人顺从。一生只忠于一名主人，因此被誉为"一生一主之犬"。警戒心十分强烈，不仅对陌生人，而且对主人的朋友也毫不放松警惕。是非常优秀的看门犬。

饲养上，为避免攻击其他人和狗，要从幼犬期开始进行社会性训练。耐严寒酷暑，非常适应日本的气候。

为避免积攒压力，需要早晚运动。在和其他犬类发生接触时需要小心。

起源

其祖先是公元前便存在于日本的中型犬。以甲斐（今山梨县）的南阿尔卑斯地区为中心参与狩猎大型动物。甲斐犬不喜欢与其他犬类交配，因此保留了纯正的血统。

甲斐犬
[Kai]

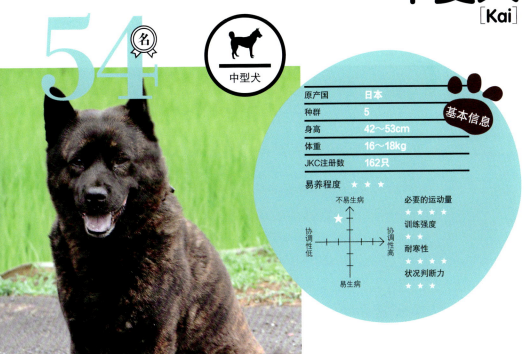

54 名

中型犬

基本信息	
原产国	日本
种群	5
身高	42～53cm
体重	16～18kg
JKC注册数	162只

易养程度 ★ ★ ★

不易生病
★

协调性低 —————— 协调性高

易生病

必要的运动量
★ ★ ★

训练强度
★ ★ ★ ★

耐寒性
★ ★ ★ ★

状况判断力
★ ★ ★

阿富汗猎犬
[Afghan Hound]

原产国	阿富汗
种群	10
身高	63～74cm
体重	23～27kg
JKC注册数	160只

基本信息

易养程度 ★ ★ ★

必要的运动量 ★ ★ ★ ★ ★

训练强度 ★ ★ ★ ★ ★

耐寒性 ★ ★ ★

状况判断力 ★ ★ ★

不易生病

易生病

协调性低

协调性高

大型犬

55 名

阿富汗猎犬，威严与高雅同在

正如其名，这是一种活跃在阿富汗的猎犬。

身体修长，体格精炼，气质高雅。毛发细长，头部有丝线状冠毛。

它们态度高傲，不喜欢讨好人类。神经质。对主人和家人充满爱意，但不轻易对他人敞开心扉。

如果阿富汗猎犬对主人不够信赖，训练起来就会非常困难，需要丰富的饲养经验。它们对环境敏感，要精心打理室内环境。运动方面，对活动物体敏感，反应强烈，有追赶的可能，因此一定要佩戴牵引绳。

长毛，易打结，每天需要花费15~20分钟梳理，以保持毛发的亮丽。

（ 起源 ）

阿富汗猎犬是世界上最为古老的犬种之一。其发源地为西奈半岛。曾被古埃及和阿富汗的王室饲养。后作为猎犬帮助捕捉羚羊和豹。

有服务意识的淘气梗犬

威尔士梗性格开朗活泼又爱玩，是典型的梗犬性格。具有很强的服务意识，调皮又喜欢依赖人类。对主人爱意满满，服从性好。但同时也很固执，和其他犬类争执起来决不退缩。即便是主人也会拿它没辙。

身材娇小，但富有力量，四肢肌肉发达。小扣耳，全身布满坚硬茂密的刚毛。面部有眉毛和大胡子。毛色有黑色加浅棕色、黑灰色加浅棕色。

威尔士梗记忆力好，可以从小就教给它作为一只家庭犬所需要掌握的规矩。它们勇敢，是优秀的看门犬。在集体住宅饲养时要注意训练它们不要乱叫。

被毛每周要用细针梳梳理3次，并定期修剪。

起源

威尔士梗13世纪便已存在。祖先是威尔士地区原产的黑棕梗。曾参与猎捕狐狸和獾。

威尔士梗
［Welsh Terrier］

56 名

小型犬

基本信息	
原产国	英国
种群	3
身高	39cm以下
体重	9～10kg
JKC注册数	143只

易养程度 ★ ★ ★

不易生病

必要的运动量
★ ★ ★

训练强度
★ ★ ★

协调性低

协调性高

耐寒性
★ ★ ★

易生病

状况判断力
★ ★ ★

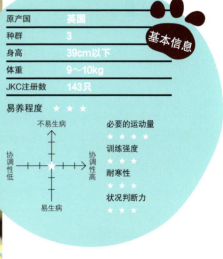

万能梗
[Airedale Terrier]

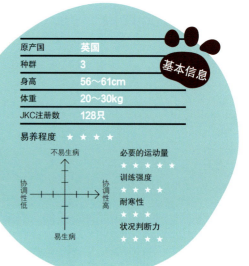

原产国	英国
种群	3
身高	56~61cm
体重	20~30kg
JKC注册数	128只

基本信息

易养程度 ★ ★ ★ ★

不易生病

必要的运动量
★ ★ ★

协调性低　　　协调性高

训练强度
★ ★ ★

耐寒性
★ ★ ★

易生病

状况判断力
★ ★ ★ ★

大型犬

57 名

被称为"梗王"的大型梗犬

起源

19世纪中期由水猎犬和体型较大的爱尔兰梗交配产生。参与狩猎鸟及大型野兽。

万能梗有着梗犬中最大的体型，被称为"梗王"。其名字取自其原产地约克夏郡的Airedale溪谷。

万能梗四肢修长，被毛浓密。性格活泼勇敢，学习能力强，第二次世界大战期间被日本用作警犬和军犬。领地意识强烈，顽固。对主人和家人顺从。

饲养上，要从幼犬期开始进行服从性训练。万能梗性格高傲，需要用夸奖来提升自信。对环境适应力强，运动量大，需要宽敞的空间，早晚都要牵着它跑。

坚硬的被毛每周需要梳理3次，1~2个月修剪一次。

自古活跃于中东的优雅猎犬

苏美尔文明曾存在于伊拉克南部。在发掘出的公元前7000~6000年的文物中有类似于萨鲁奇猎犬的身影。因此萨鲁奇猎犬被认定为世界上最为古老的犬种。其名字源于古代阿拉伯城市萨鲁奇。

外形纤细、肋骨显露，呈流线型。分为短毛型和有饰毛型两种类型。

萨鲁奇猎犬在几千年前就在中东地区参与捕捉羚羊、狐狸和野兔。体力充沛，奔跑速度快。在外活泼，在家却较为安静。警惕性和独立性都很强，对主人和家人感情深厚。

它们心思细腻，要多夸奖。性格比较老实，在集体住宅也可以饲养。被毛要每天梳理。

起源

几千年前起被中东沙漠地带的游牧民族所饲养，被用于狩猎羚羊。为了适应各地区不同的狩猎模式，发展出了各种不同的类型。

萨鲁奇猎犬
[Saluki]

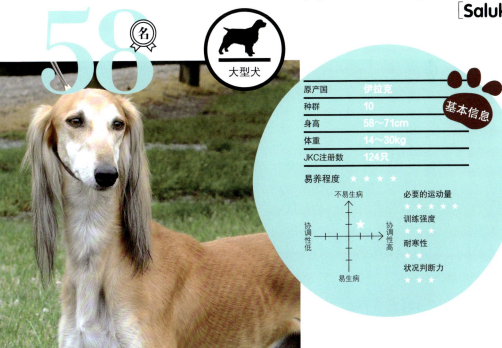

58 名

大型犬

基本信息	
原产国	伊拉克
种群	10
身高	58~71cm
体重	14~30kg
JKC注册数	124只

易养程度 ★ ★ ★ ★

不易生病

必要的运动量 ★ ★ ★ ★ ★

训练强度 ★ ★ ★ ★

协调性低 ─ 协调性高

耐寒性 ★ ★

状况判断力 ★ ★ ★ ★ ★

易生病

苏格兰牧羊犬
[Rough Collie]

基本信息	
原产国	英国　苏格兰
种群	1
身高	56～66cm
体重	23～34kg
JKC注册数	124只

易养程度　★ ★ ★ ★ ★

不易生病

协调性低　←→　协调性高

易生病

必要的运动量　★ ★ ★ ★ ★
训练强度　★ ★ ★ ★ ★
耐寒性　★ ★ ★ ★ ★
状况判断力　★ ★ ★ ★ ★

大型犬

59 名

（ 起源 ）

苏格兰牧羊犬在几百年前便开始在苏格兰高地地区的山区担任牧羊工作。19世纪70年代起作为上流阶级的家庭犬而受到欢迎。

集聪明与温柔于一身的"神犬莱西"

1860年由于受到维多利亚女王的喜爱，苏格兰牧羊犬也受到了普通百姓的欢迎。20世纪50年代凭借美国电视连续剧《神犬莱西》而一跃成为世界名犬。它们身体比例协调，长毛丰富，鼻梁细长，耳朵是半直立的折耳。

正如电视剧中所描述的，苏格兰牧羊犬性格开朗温和。对主人和家人充满爱意，顺从。有很强的忍耐力，可以陪小朋友玩耍。头脑聪明，判断力强，但略微神经质，自尊心很强。

饲养上，要尽可能多地让它们和家人待在一起，重视身体接触。有些爱叫，要训练它们不要乱叫。被毛长，易打结，掉毛多。每周要用针梳梳理2~3次。春夏换毛期要更为仔细地梳理。

小身材却元气满满

凯恩梗在梗犬中属于最为古老的犬种。性格开朗爱玩，是典型的梗犬性格。对主人和家人十分依赖，不善于独自看家。经常无人的家庭和人员出入频繁的家庭会让它们变得神经质和爱叫。它们有很强的领地意识，面对可疑分子非常勇敢，因此可以很好地完成看门犬的工作。

身材娇小，但身体健壮，被毛可以抵抗风雨。尾巴短、直立，腿部短，以前倾姿势站立。

脾气暴躁，幼犬时要好好训练。注意不要让它们养成爱咬东西的习惯。记忆力相对较好，且独立性强，主人面对它们时态度一定要坚定。凯恩梗喜欢挖坑，在院中饲养要做好措施。被毛每周用针梳梳理2~3次。

（ 起源 ）

诞生于苏格兰西北部的斯凯岛，在高地地区自古参与捕猎狐狸、獾及老鼠。曾经只被称为梗，1912年确定了现在的名称。

凯恩梗
[Cairn Terrier]

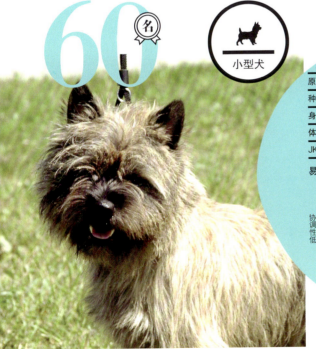

60 名

小型犬

原产国	英国 苏格兰
种群	3
身高	28～31cm
体重	6～7.5kg
JKC注册数	122只

基本信息

易养程度 ★ ★ ★

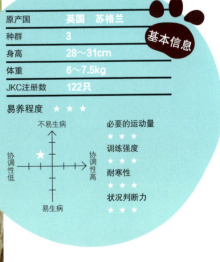

必要的运动量
★ ★ ★

训练强度
★ ★ ★

耐寒性
★ ★ ★

状况判断力
★ ★ ★

不易生病 / 易生病 / 协调性低 / 协调性高

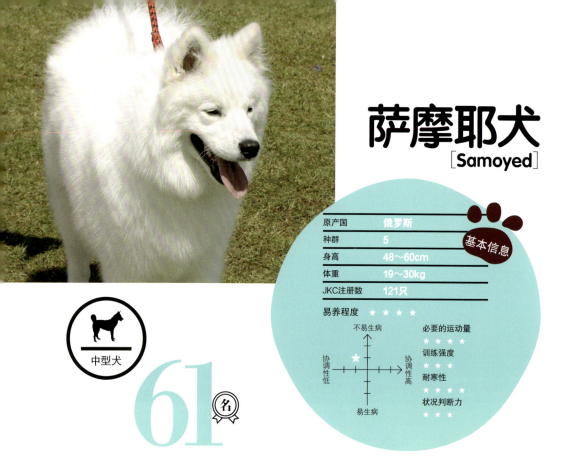

萨摩耶犬
[Samoyed]

基本信息

原产国	俄罗斯
种群	5
身高	48～60cm
体重	19～30kg
JKC注册数	121只

易养程度 ★ ★ ★ ★

不易生病

协调性低 ← → 协调性高

易生病

必要的运动量 ★ ★ ★ ★
训练强度 ★ ★ ★
耐寒性 ★ ★ ★ ★ ★
状况判断力 ★ ★ ★

中型犬

61名

（ 起源 ）

萨摩耶犬自古就与生活在俄罗斯北部以及西伯利亚的游牧民族萨摩族人共同生活。19世纪末被带至欧洲，现在作为雪橇犬和家庭犬受到喜爱。

微笑天使

萨摩耶犬自古便服务于居住在西伯利亚的狩猎民族。负责拉雪橇、看守驯鹿以及狩猎。身披纯白色被毛，即使在极寒之地也能保暖，在室内时还可以帮助人们取暖。由于它们眼睛的形状、位置，以及微微上扬的嘴角，使它们看上去总是保持着微笑，人们将这种独特的表情称为"萨摩耶式微笑"。

萨摩耶犬性格开朗、活泼、爱玩，温和黏人。喜欢对主人撒娇，即使对陌生人也很友好。智商高，警觉，可以成为看门犬。但它们喜欢和主人黏在一起，家中时常无人的家庭容易让它们感受压力。

萨摩耶犬非常耐寒，因此比较怕热。夏季需要严格控制温度。毛量大，易打结，每天都需要梳理。

身披红丝线般被毛的猎鸟犬

它们是塞特犬中最为古老的类型。不仅限于原产地爱尔兰，在英国也是数一数二的猎鸟犬。它们体力超强，对任何猎物都毫不畏惧，奔跑速度也快于其他大型犬。

外观上，它们有着红丝线般的长被毛，体现出优雅的气质。体格结实，垂耳，垂尾。

它们善于表达情感，顽皮，对人类非常友好。学习能力强，但缺乏稳定性。

爱尔兰红色蹲猎犬自立心、好奇心旺盛，但固执。不可宠溺，要严格训练。体罚和强制其做不喜欢的事，会适得其反。

为保持被毛美丽，需每天细心梳理。

起源

确切的起源不详。一般认为其祖先是曾经存在于欧洲大陆的红色猎犬。16世纪起经过不断的改良最终确定了现在的样貌。

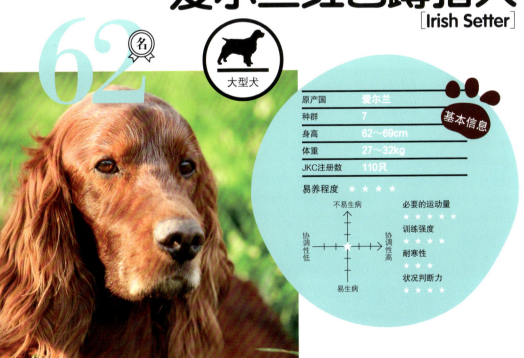

爱尔兰红色蹲猎犬
[Irish Setter]

62 名

大型犬

原产国	爱尔兰
种群	7
身高	62～69cm
体重	27～32kg
JKC注册数	110只

基本信息

易养程度 ★ ★ ★ ★

不易生病

必要的运动量 ★ ★ ★ ★ ★

训练强度 ★ ★ ★ ★

协调性低 ←→ 协调性高

耐寒性 ★ ★ ★

易生病

状况判断力 ★ ★ ★ ★

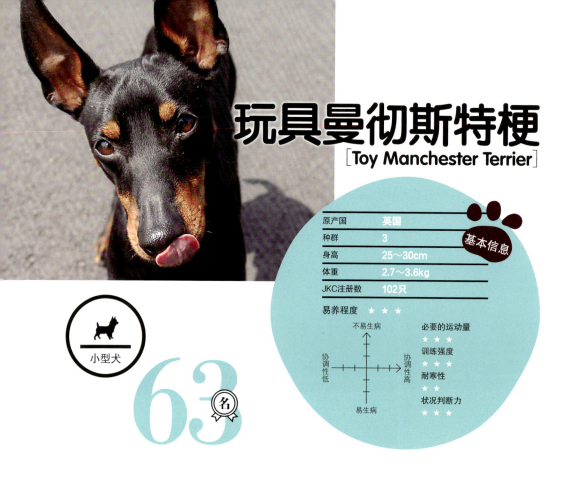

玩具曼彻斯特梗
[Toy Manchester Terrier]

小型犬

原产国	英国
种群	3
身高	25～30cm
体重	2.7～3.6kg
JKC注册数	102只

易养程度 ★ ★ ★

```
                    不易生病
                       ↑
         协调性低 ——————+——————协调性高
                       ↓
                    易生病
```

必要的运动量
★ ★ ★

训练强度
★ ★ ★

耐寒性
★ ★

状况判断力
★ ★ ★

63名

顽强勇敢的小型梗犬

(起源)

于19世纪中期在英国人们对曼彻斯特梗进行小型化改良后诞生。在当时的英国被用于受人们喜爱的犬追兔比赛以及在农场捕猎老鼠。

玩具曼彻斯特梗有着黑色和棕色的被毛，肌肉紧实。它们的特点在于有光泽的短毛和蜡烛火焰形的大立耳。

20世纪初，人们开始将身材较小的曼彻斯特梗称为玩具曼彻斯特梗。它们是英国具有代表性的梗犬。

它们活泼、好奇心旺盛，好胜心强。对主人和家人依赖、顺从。聪明，感觉敏锐，警戒心强，可以胜任看家犬的工作。

玩具曼彻斯特梗适合集体住宅饲养，它们怕冷，要做好保温措施。早晚各需要30分钟左右的散步和自由活动。被毛用拧干的手巾擦拭，每周梳理两次。

活跃在水难救助前线的善良大狗

在原产国加拿大纽芬兰犬现在依旧作为水难救助犬活跃在前线。它的毛发厚重，有防水效果。头部较大，肌肉发达，体格强健。

它体型巨大，但性格温柔沉稳，对主人和家人忠诚。喜欢和人亲近，即使是陌生人也表现得非常友好。和孩子及其他动物也能保持良好的关系。勇敢，富有正义感，看见水中有人（即使没有溺水）便会主动游过去援助。

纽芬兰犬聪明，记忆力好。力量强大，需要尽早培养其社会性，并进行服从性训练。在饲养上，需要有宽敞的空间，它们非常不耐热，夏季需要控制饲养温度。

被毛厚，易打结。每周要用针梳仔细梳理两次，还要定期清洁耳朵。

(起源)

纽芬兰犬的祖先是加拿大纽芬兰岛上的土著犬以及1100年以前由北欧海盗携带的黑色大狗。之后又和其他品种的犬类交配形成了纽芬兰犬的雏形。

纽芬兰犬
[Newfoundland]

64
名

大型犬

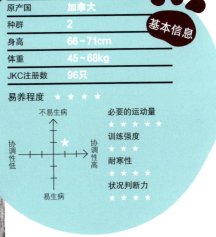

原产国	加拿大
种群	2
身高	66～71cm
体重	45～68kg
JKC注册数	96只

基本信息

易养程度 ★ ★ ★ ★

不易生病

必要的运动量
★ ★ ★

训练强度
★ ★

协调性低　　协调性高

耐寒性
★ ★ ★

易生病

状况判断力
★ ★ ★ ★

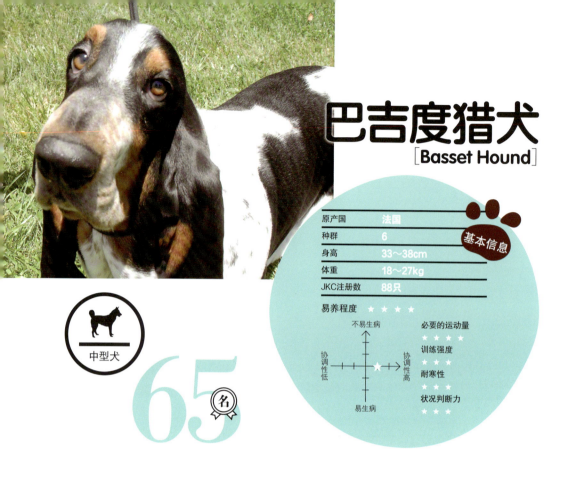

巴吉度猎犬
[Basset Hound]

原产国	法国
种群	6
身高	33～38cm
体重	18～27kg
JKC注册数	88只

基本信息

易养程度 ★ ★ ★ ★

不易生病

必要的运动量 ★

训练强度 ★

协调性低　　　　协调性高

耐寒性 ★

易生病

状况判断力 ★

中型犬

65 名

(起源)

巴吉度猎犬的祖先是16世纪在法国负责猎鹿的猎犬。挑选四肢短小的犬进行交配，用于捕猎野兔。之后在英国得到改良，形成了现在的样貌。

有着滑稽外表的优秀猎犬

"巴吉度（Basset）"在法语中是"矮""小"的意思。正如其名，巴吉度猎犬有着四肢短、身体矮小的滑稽外表。经常可以在漫画以及广告中看到它的身影。作为赏玩犬受到大家的喜爱。关于名字的由来还有一种说法是由于吠叫声音低沉（法语为basse）而来。曾经由于其敏锐的嗅觉和健壮的身体，以及适合在草木茂盛处穿梭的身形，成为优秀的猎犬。

性格温和，自我。喜欢与人亲近，忠诚。

但它们也有容易厌烦的一面。训练中需要花心思、有耐心。从小认真训练，以免养成强势的性格。巴吉度猎犬叫声响亮，集体住宅饲养时需要训练它们不要乱叫。另外，巴吉度猎犬属于易胖体质，饮食管理和适当的运动都很重要。

受到贵族青睐的纯白小狗

博洛尼亚犬纯白色的柔软被毛让人不禁联想到丝绸。气质温文尔雅。文艺复兴时期被欧洲贵族所喜爱，还曾被进贡给西班牙王室。虽然看上去被毛丰满，但由于没有棉絮状的底毛，所以不惧炎热。

博洛尼亚犬性格落落大方，温柔。容易害羞，对初次见面的人会表现得很内敛。但对主人和家人会尽情撒娇。

运动方面，室内玩耍就足够了，因此适合新手饲养。但是光滑的地砖容易伤害它们的关节，要充分留意。博洛尼亚犬容易患关节疾病，需要定期体检。需要每日剔除被毛上的毛球，每月修剪一次被毛即可。

博洛尼亚犬自11世纪起就受到欧洲上流社会的喜爱。原产地是意大利的博洛尼亚地区。曾一度成为掌权者们互相赠送的最高级的礼物。

博洛尼亚犬
[Bolognese]

66 名

小型犬

基本信息	
原产国	意大利
种群	9
身高	25～31cm
体重	2.5～4.0kg
JKC注册数	88只

易养程度 ★ ★ ★ ★

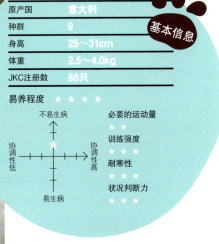

必要的运动量
★ ★ ★

训练强度
★ ★

耐寒性
★ ★ ★

状况判断力
★ ★ ★

不易生病

协调性低

协调性高

易生病

137

库依克豪德杰犬
[Kooikerhondje]

中型犬

67 名

	基本信息
原产国	荷兰
种群	8
身高	35～41cm
体重	9～11kg
JKC注册数	80只

易养程度 ★ ★ ★ ★

不易生病

协调性低 ← → 协调性高

易生病

必要的运动量
★ ★ ★

训练强度
★ ★ ★ ★

耐寒性
★ ★ ★

状况判断力
★ ★ ★ ★ ★

软蓬蓬的大尾巴，吸人眼球的小猎犬

（ 起源 ）

原产于荷兰，曾被用于捕鸭。第二次世界大战后在荷兰的数量骤减至个位数，一度濒临灭绝。后来在爱犬人士的努力下才再次生存下来。

这是一种在日本比较少见的犬种，但是在原产国荷兰非常有名。它的名字源于一种捕猎方法，用它蓬松的大尾巴引诱野鸭靠近，帮助人们捕猎。蓬松的尾巴和耳朵是它们的魅力所在。

库依克豪德杰犬性格开朗活泼，黏人，对主人顺从，忠实。爱护家人，喜欢和家人待在一起。它们聪明，记忆力好，性格稳重。只要能够从小训练作为家庭犬的规矩，新手也是可以饲养的。身材娇小，适合小型住宅饲养。不爱乱叫，也很适合集体住宅饲养。

每周梳理被毛一次即可。垂耳使它们容易患病，要经常清理耳朵。

138

形似巨大毛绒玩偶的温柔大狗

古代牧羊犬全身毛发浓密，眼睛被毛发遮挡，酷似巨大的毛绒玩偶。曾经被家畜商人饲养，用于驱赶家畜。当时商人们饲养的犬需要纳税，断尾成为其缴税的证明。因此现在的古代牧羊犬或天生尾巴短小，或依然保留着断尾的习惯。

它们的性格如外表一样温厚，善良，对主人顺从，对家人充满爱意。

古代牧羊犬体型巨大，因此力量强大，从幼犬时期开始要进行服从性训练。毛量多，面部表情不易被识别，需要留意它们的其他反应。在饲养上需要充分的空间，不耐炎热和潮湿，夏季需要控制温度。它们的叫声响亮，需要训练它们不要乱叫。

长被毛需要每天梳理和定期修剪。

古代牧羊犬英文名为Old English Sheep Dog，意为英国古老的牧羊犬。其发源地是英国西部，但具体起源不详。150年以前就已经定型为现在的模样。

古代牧羊犬
[Old English Sheep Dog]

68 名

大型犬

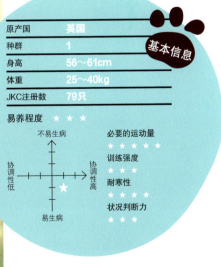

基本信息

原产国	英国
种群	1
身高	56～61cm
体重	25～40kg
JKC注册数	79只

易养程度 ★ ★ ★

```
              不易生病          必要的运动量
                 ↑
                 |            训练强度
                 |            ★ ★
  协调性          |     协调性   耐寒性
  低      --------+------→ 高   ★ ★ ★ ★
                 |★
                 |            状况判断力
                 ↓            ★ ★ ★
              易生病
```

卡狄根威尔士柯基犬

[Welsh Corgi Cardigan]

原产国	英国
种群	1
身高	27～32cm
体重	11～17kg
JKC注册数	70只

基本信息

易养程度 ★ ★ ★ ★

中型犬

69 名

不易生病

必要的运动量
★ ★ ★ ★

协调性低 ←→ 协调性高

训练强度
★ ★ ★ ★

耐寒性
★ ★ ★

易生病

状况判断力
★ ★ ★ ★

有着4000年的历史，它的尾巴和狐狸的相似

（ 起源 ）

相传它们是在公元前1200年左右从中欧来到威尔士地区的。1933年由于被后来的英国国王乔治六世饲养而闻名。

卡狄根威尔士柯基犬比威尔士柯基犬起源更早，约有4000年的历史。犬名源自其曾参与放牧的卡狄根丘陵地带。现在作为伴侣犬深受以英国为首的各国人们的喜爱。

狐狸尾巴般蓬松的垂尾是它们与彭布罗克柯基犬最大的差别。它们的身高比彭布罗克柯基犬更矮，两只耳朵的间隔更宽。

卡狄根威尔士柯基犬对主人忠诚，充满爱意，对孩子也很宽容。但是对陌生人会表现出防备心，作为看门犬是很优秀的。对环境的适应能力也很强。

饲养上，要避免它们养成爱咬东西的毛病，在幼犬期及早制止。卡狄根威尔士柯基犬躯干较长，上下楼梯和从高处跃下容易损伤脊椎。易肥胖，要控制饮食。

曾活跃在船上的优秀的黑色看门犬

犬名源自比利时法兰德斯地区的方言,意为"小船长""放羊娃"。自古参与捕捉老鼠和獾等有害动物。并负责看管船只。

西帕凯牧羊犬上身娇小,但体格强壮。眼睛呈杏仁形,耳朵小,呈三角形,立耳。口吻前端形似狐狸。黑色毛发坚硬,有弹力。

它们的性格符合猎犬的特征,活泼且好奇心旺盛。对主人和家人充满爱意,对外人会表现出警惕性。

饲养上,从幼犬期开始训练它们不要乱叫。虽然它们可以和其他宠物友好相处,但散步途中偶遇其他动物有可能会追赶。需要早晚进行各30分钟的牵引运动或自由运动。被毛每周打理两次。

(起源)

源自于比利时法兰德斯地区的一种被称为Leauvenaar的犬种。通过小型改良后得到了现在的西帕凯牧羊犬。于19世纪80年代首次登上犬种大赛。

西帕凯牧羊犬
[Schipperke]

70 名

小型犬

原产国	比利时
种群	1
身高	25～40cm
体重	3～9kg
JKC注册数	68只

基本信息

易养程度 ★ ★ ★ ★

必要的运动量 ★ ★ ★ ★

训练强度 ★ ★ ★

耐寒性 ★ ★ ★

状况判断力 ★ ★ ★

不易生病

易生病

协调性低

协调性高

英国史宾格犬
[English Springer Spaniel]

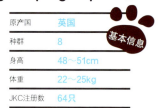

中型犬

71名

		基本信息
原产国	英国	
种群	8	
身高	48～51cm	
体重	22～25kg	
JKC注册数	64只	

必要的运动量
★ ★ ★ ★

训练强度
★ ★ ★ ★ ★

耐寒性
★ ★ ★

状况判断力
★ ★ ★ ★

英国史宾格犬自古便作为猎犬活跃在英国，是猎犬的祖先，由陆地猎犬经过改良后培育而来。在狩猎活动中，由于其超群的奔跑速度和体力受到猎人的喜爱。性格开朗活泼，对主人忠诚。聪明，学东西快，对环境的适应能力也很强。在集体住宅也可以饲养。但是在训练上要保持一贯性，溺爱或模棱两可的态度会导致它们的攻击性变强。

日本梗
[Japanese Terrier]

小型犬

72名

		基本信息
原产国	日本	
种群	3	
身高	30～33cm	
体重	4.5～6kg	
JKC注册数	63只	

必要的运动量
★ ★

训练强度
★ ★

耐寒性
★ ★

状况判断力
★ ★ ★

日本梗是唯一一种在日本得到改良的梗犬。大正时期在横滨、神户等港口城市作为怀抱犬受到女性的喜爱。曾被称作神户梗、帝梗、雪梗。它们性格开朗活泼，在梗犬中属于稳重的品种。感觉灵敏、警觉，爱叫，因此要训练它们不要乱叫。性格自我，需要花心思寻找吸引它们的游戏。不耐寒，冬季要注意保暖。

白色瑞士牧羊犬
[White Swiss Shepherd Dog]

大型犬

73 名

原产国	瑞士	
种群	1	基本信息
身高	55～66cm	
体重	25～40kg	
JKC注册数	61只	

白色瑞士牧羊犬是由白色被毛的德国牧羊犬繁殖而来的。在美国很早就得到公认，20世纪70年代进入瑞士，在欧洲各地被广泛饲养。起初被称为美加白色牧羊犬。体型和德国牧羊犬相同，但攻击性得到了抑制。头脑聪明，可训练性和工作能力都很出众，好好训练可以成为勇敢而忠诚的家庭犬。

必要的运动量
★ ★ ★ ★ ★

训练强度
★ ★ ★ ★

耐寒性
★ ★ ★

状况判断力
★ ★ ★ ★ ★

诺维奇梗
[Norwich Terrier]

小型犬

74 名

原产国	英国	
种群	3	基本信息
身高	25～26cm	
体重	5～6kg	
JKC注册数	60只	

诺维奇梗是19世纪末在英国诺福克郡诺维奇市诞生的一种用于捕杀有害动物的小型梗犬。外形与诺福克梗相似，坚挺的三角形立耳是它们最大的区别。它们与诺福克梗一样受到了剑桥大学学生们的喜爱。活泼爱玩，警惕性强，对陌生人会吠叫。要从幼犬期开始教给它们作为家庭犬的规矩，在集体住宅饲养需要训练它们不要乱叫。

必要的运动量
★ ★

训练强度
★ ★ ★ ★ ★

耐寒性
★ ★ ★

状况判断力
★ ★ ★ ★

波兰低地牧羊犬
[Polish Lowland Sheepdog]

中型犬

75名

基本信息	
原产国	波兰
种群	1
身高	42～50cm
体重	13～16kg
JKC注册数	53只

必要的运动量
★ ★ ★ ★

训练强度
★ ★ ★

耐寒性
★ ★ ★

状况判断力
★ ★ ★ ★

　　正如其名，这是一种产自波兰的牧羊犬。是由绳状被毛的匈牙利牧羊犬与山岳地带的长毛犬混血产生的。曾一度濒临灭绝。第二次世界大战后爱犬人士使之生存下来。在欧洲被人们亲切地称为Pon。出于牧羊犬的天性，它们可以冷静地判断状况，并迅速处理问题。被毛长，难以判断面部表情，但性格温厚而顺从，是很好的家庭伴侣犬。

斯塔福郡斗牛梗
[Staffordshire Bull Terrier]

中型犬

76名

基本信息	
原产国	英国
种群	3
身高	35.5～40.5cm
体重	11～17kg
JKC注册数	52只

必要的运动量
★ ★ ★ ★

训练强度
★ ★

耐寒性
★ ★ ★

状况判断力
★ ★ ★

　　斯塔福郡斗牛梗是斗牛犬与多种梗犬交配而来的，起初用作斗犬。1885年斗犬活动被禁后，通过小型化改良成为家庭犬。骨骼粗壮，肌肉发达，被毛短，有光泽，颈部短粗。性格勇敢、胆大，会对其他犬类及动物展示出强烈的战斗意识。要从幼犬期给予社会性训练。

巴仙吉犬
[Basenji]

基本信息	
原产国	中非
种群	5
身高	40～43cm
体重	9.5～11kg
JKC注册数	52只

中型犬

77名

巴仙吉犬是曾被古埃及皇室饲养的古老犬种。古埃及王朝灭亡后它们被刚果的俾格米民族发现并用于狩猎。1895年被英国探险队发现并将其带回英国。在英国和美国开始广泛饲养是在1937年以后。由于极少吠叫而深受世界各国人们的喜爱。但是它们在特别高兴的时候会发出奇特的叫声。巴仙吉犬会像猫一样洗脸，性格开朗，对主人顺从。但是对外人会表现出防备。

必要的运动量
★ ★ ★ ★
训练强度
★
耐寒性
★
状况判断力
★

西藏猎犬
[Tibetan Spaniel]

基本信息	
原产国	中国
种群	9
身高	24～28cm
体重	4～7kg
JKC注册数	50只

小型犬

78名

西藏猎犬曾是古代西藏地区寺院的护卫犬。人们认为这种犬可以招来幸福，故奉之为神犬。在僧侣们祷告的时候它们负责转动传经桶，因此也被称为祷告猎犬。口吻呈黑色，饰毛丰满。对主人充满爱意，对外人会提高警惕。独立性强，略顽固。在城市及集体住宅饲养要训练它们不要乱叫。

必要的运动量
★ ★
训练强度
★ ★
耐寒性
★ ★ ★
状况判断力
★ ★

拉萨犬
[Lhasa Apso]

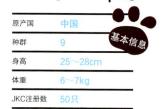

原产国	中国	基本信息
种群	9	
身高	25～28cm	
体重	6～7kg	
JKC注册数	50只	

小型犬

79名

必要的运动量
★★

训练强度
★★

耐寒性
★★★

状况判断力
★★

　　拉萨犬历史悠久，是有着2000余年的历史的古老犬种。曾被居住在拉萨的僧侣和贵族们饲养，作为可以招福驱魔的神犬备受爱戴。是西施犬的祖先。拉萨犬的英文名中的"Apso"在藏语中是"貌似山羊"的意思。全身覆盖着优雅华丽的长毛。性格活泼爱玩，会对主人表示爱意，但不喜欢小朋友。对外人会十分警惕。丰满的被毛需要每天梳理。

松狮犬
[Chow Chow]

原产国	中国	基本信息
种群	5	
身高	43～56cm	
体重	20～32kg	
JKC注册数	43只	

中型犬

80名

必要的运动量
★★★★

训练强度
★★

耐寒性
★★★★

状况判断力
★★

　　松狮犬约在3000年前来到中国，帮助人们拉雪橇、狩猎以及作为肉犬供人们食用。18世纪末被带至欧洲。它们有着如雄狮般的外表，毛绒玩偶般蓬松的被毛，以及蓝黑色的舌头。根据毛发特点分为粗毛和软毛两种。独立性强，顽固。对主人忠诚，对外人十分警觉。怕热，在控温的同时还要帮助它运动，以免肥胖。

贝灵顿梗
[Bedlington Terrier]

		基本信息
原产国	英国	
种群	3	
身高	38～43cm	
体重	8～10kg	
JKC注册数	43只	

中型犬

81 名

必要的运动量
★ ★ ★ ★
训练强度
★ ★
耐寒性
★ ★ ★
状况判断力
★ ★

　　19世纪在英国诺森伯兰郡为了捕猎狐狸和黄鼠狼而培育出了贝灵顿梗。由丹迪丁蒙梗和水猎犬等杂交而来。因受到贝灵顿市周边矿工的喜爱而得名。有着洋梨形头部和羊羔一样的外形。平时温厚，但它们有着好斗的本性，兴奋过度就会产生攻击行为。为了保持其独特的外表，需要经常修剪被毛。

北海道犬
[Hokkaido]

		基本信息
原产国	日本	
种群	5	
身高	45.5～56cm	
体重	20～30kg	
JKC注册数	41只	

中型犬

82 名

必要的运动量
★ ★ ★ ★
训练强度
★ ★ ★
耐寒性
★ ★ ★ ★ ★
状况判断力
★ ★ ★

　　北海道犬本是北海道的原住民族爱奴族人用于猎熊的犬种，别名爱奴犬。其祖先是镰仓时期由日本东北地区迁徙至北海道的马塔吉犬。1937年被日本指定为国家天然纪念物。北海道犬拥有坚实的骨骼和发达的肌肉，厚重的被毛可以耐寒。毛色有浅黄色、橘黄色、红色、黑色、黑褐色和白色。性格大胆，警惕性高，忍耐力强。对主人忠诚。但其中也不乏脾气暴躁的北海道犬存在。需要彻底进行服从性训练。

湖畔梗
[Lakeland Terrier]

小型犬

83 名

基本信息	
原产国	英国
种群	3
身高	37cm以下
体重	8kg以下
JKC注册数	39只

必要的运动量
★ ★ ★ ★

训练强度
★ ★ ★

耐寒性
★ ★ ★

状况判断力
★ ★ ★

　　湖畔梗生于英国北部的雷克兰郡，有着数百年的历史。由黑檀梗和贝灵顿梗交配而来。起初用于保护羊圈免受狐狸的侵害，后来也被用于猎狐。四肢修长，身体呈四边形，被毛可以抵御恶劣气候。黏人，警惕性高，是优秀的看门犬。

阿拉斯加雪橇犬
[Alaskan Malamute]

大型犬

84 名

基本信息	
原产国	美国
种群	5
身高	58～71cm
体重	34～56kg
JKC注册数	39只

必要的运动量
★ ★ ★ ★ ★

训练强度
★ ★ ★

耐寒性
★ ★ ★ ★ ★

状况判断力
★ ★ ★

　　阿拉斯加雪橇犬体型比哈士奇犬大一圈，是体型最大、力量最强的雪橇犬。其祖先原产于西伯利亚。居住在阿拉斯加西部的马拉缪特族人曾利用阿拉斯加雪橇犬拉雪橇、狩猎和捕鱼。它们可以忍耐极端气候，双层被毛可以防水。尾巴毛量丰富，在严寒中睡觉时可以盖在脸上抵御严寒。性格温厚黏人，对主人尽忠职守。忍耐力强，独立性强。不耐热，夏季需要控制温度。

古代长须牧羊犬
[Bearded Collie]

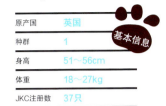

中型犬

85名

基本信息	
原产国	英国
种群	1
身高	51～56cm
体重	18～27kg
JKC注册数	37只

必要的运动量
★ ★ ★ ★ ☆

训练强度
★ ★ ★ ☆ ☆

耐寒性
★ ★ ★ ★ ☆

状况判断力
★ ★ ★ ☆ ☆

　　其祖先是约2000年前就在英国高地地区负责放牧的牧羊犬。长被毛耐水性好，可以在雨中及雾里牧羊。它们的名字源于嘴边的长胡子。性格开朗、活泼、调皮，对主人顺从。它们怕热，夏季需要采取措施，防止中暑。丰满的长被毛每周需要细致地梳理2~3次。

比利时玛利诺犬
[Belgian Shepherd Dog Malinois]

大型犬

86名

基本信息	
原产国	比利时
种群	1
身高	55～66cm
体重	20～30kg
JKC注册数	31只

必要的运动量
★ ★ ★ ★ ☆

训练强度
★ ★ ★ ☆ ☆

耐寒性
★ ★ ★ ☆ ☆

状况判断力
★ ★ ★ ★ ☆

　　几个世纪以来这种犬都在比利时被用于协助人类看管羊群和牛群。比利时牧羊犬根据被毛的状态和毛色分为4种类型。这4个品种中短毛是比利时玛利诺犬区别于其他犬的一大特点。与其他3种犬体型相同，比利时玛利诺犬有着肌肉质感的身体，立耳，垂尾。对主人忠诚，警惕性强，是优秀的看门犬。要及早进行服从性训练，以免对陌生人和其他犬类产生攻击行为。被毛每周梳理一次即可。

布列塔尼猎犬
[Brittany Spaniel]

中型犬

87 名

原产国	法国	
种群	7	基本信息
身高	44～52cm	
体重	13～18kg	
JKC注册数	30只	

必要的运动量
★ ★ ★ ★
训练强度
★ ★ ★ ★
耐寒性
★ ★ ★
状况判断力
★ ★ ★ ★

　　布列塔尼猎犬诞生于法国的布列塔尼地区中部，20世纪初与各种犬类交配得到改良。在猎犬中属于最古老的品种之一。在法国是最受欢迎的猎鸟犬之一。体型较小，但四肢修长。性格开朗、活泼、温和、善良。聪明，易训练，有很高的工作热情。缺乏运动会让它们狂躁爱叫，要让它们早晚各运动半小时，释放一下压力。

比利时狮鹫犬
[Belgian Griffon]

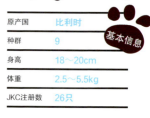

小型犬

88 名

原产国	比利时	
种群	9	基本信息
身高	18～20cm	
体重	2.5～5.5kg	
JKC注册数	26只	

必要的运动量
★ ★
训练强度
★ ★ ★
耐寒性
★ ★ ★
状况判断力
★ ★ ★ ★

　　比利时狮鹫犬与布鲁塞尔格里芬犬、小布拉班松犬合称为比利时原产犬三兄弟。被毛颜色是黑色和深棕色的。嘴周围有长须。外表给人以难以接近的印象，但性格如梗犬般活泼。理性，对陌生人疏远。因此一旦有异常的人或声响就会做出反应，是优秀的看门犬。饲养它们需要从幼犬期开始进行服从性训练，以便控制。

比利时坦比连犬
[Belgian Shepherd Dog Tervuren]

大型犬

89名

原产国	比利时	
种群	1	基本信息
身高	56～66cm	
体重	20～30kg	
JKC注册数	24只	

比利时牧羊犬根据被毛状态分为4种类型。比利时坦比连犬的特点在于长毛、毛发尖端呈圆形。其名字源于原产村庄的名字。易训练，专注力好，因此在警犬、导盲犬、缉毒犬、看护犬、治疗犬的队伍中也有它们的身影。每周需要花时间细致地打理一次被毛。换毛期要更频繁才行。

必要的运动量
★ ★ ★ ☆ ☆

训练强度
★ ★ ★ ★ ☆

耐寒性
★ ★ ★ ☆ ☆

状况判断力
★ ★ ★ ★ ★

比利时格罗安达犬
[Belgian Shepherd Dog Groenendael]

大型犬

90名

原产国	比利时	
种群	1	基本信息
身高	56～66cm	
体重	20～30kg	
JKC注册数	22只	

比利时牧羊犬根据被毛状态分为4种类型。比利时格罗安达犬的特点在于黑色的长毛。肩部、颈部、胸前的被毛尤其丰满。其名字源自于动物改良专家所经营的餐馆的名字。感情细腻，谨慎，聪明。从幼犬期开始让它们接触其他狗狗可以培养出很好的社会性。被毛长且有光泽，需要每天梳理。换毛期需要更加仔细。

必要的运动量
★ ★ ★ ★ ☆

训练强度
★ ★ ★ ★ ☆

耐寒性
★ ★ ★ ☆ ☆

状况判断力
★ ★ ★ ☆ ☆

纪州犬
[kishu]

基本信息	
原产国	日本
种群	5
身高	46～55cm
体重	15～30kg
JKC注册数	21只

中型犬

91名

必要的运动量
★ ★ ★ ★

训练强度
★ ★

耐寒性
★ ★ ★ ★

状况判断力
★ ★ ★

　　纪州犬的祖先是公元前就存在于日本的一种中型犬。在纪州地区（日本和歌山县、三重县）被用于捕猎豪猪和鹿。1934年被日本指定为国家天然纪念物。它们骨骼均衡，身体强壮，面部轮廓高雅。被毛有白色、红色、浅黄色，但现在基本为白色。性格稳重、温厚，对主人和家人顺从。对外人会表现出警惕。要训练它们不要乱叫。

波利犬
[Puli]

基本信息	
原产国	匈牙利
种群	1
身高	36～45cm
体重	9～18kg
JKC注册数	20只

中型犬

92名

必要的运动量
★ ★ ★ ★ ★

训练强度
★ ★ ★ ★

耐寒性
★ ★ ★ ★ ★

状况判断力
★ ★ ★ ★ ★

　　波利犬最大的特点就是那一身拖布一样的脏辫状被毛。幼犬时是卷毛，随着长大毛发会变成绳状。它们的祖先是10世纪来到匈牙利的古代游牧民族马扎尔人所饲养的犬。波利犬善于跳到羊背上赶羊回群。聪明，善于学习，判断力出众。快活、深情。警惕性强，适合作看门犬。绳状的被毛需要格外用心打理。

巨型雪纳瑞
[Giant Schnauzer]

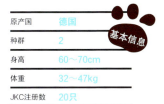

大型犬

93名

基本信息	
原产国	德国
种群	2
身高	60～70cm
体重	32～47kg
JKC注册数	20只

必要的运动量
★ ★ ★ ★ ★

训练强度
★ ★ ★ ★

耐寒性
★ ★ ★

状况判断力
★ ★ ★ ★ ★

　　巨型雪纳瑞是19世纪初期由标准型雪纳瑞大型化改良而来的。负责赶牛等工作。聪明，可以按指示行动，因此除了赶牛以外也参与警犬、护卫犬的工作。体型呈四边形，骨骼粗壮。被毛是粗而硬的刚毛。性格稳重、老成，对主人和家人忠诚。但对外人戒备心很强，因此是优秀的看门犬。被毛需要每天梳理。

葡萄牙水犬
[Portuguese Water Dog]

中型犬

94名

基本信息	
原产国	葡萄牙
种群	8
身高	43～57cm
体重	16～25kg
JKC注册数	17只

必要的运动量
★ ★ ★ ★

训练强度
★ ★ ★ ★

耐寒性
★ ★ ★ ★

状况判断力
★ ★ ★ ★

　　葡萄牙水犬的原产地是葡萄牙的沿海地区。它们曾与渔夫一同乘船出海，负责渔船和海岸的沟通联系，以及回收被浪卷走的渔具。因此它们非常喜欢运动，擅长游泳和潜水。被毛分为弯曲的长毛型和短卷毛型两种。会模仿狮子而修剪成只留尾巴尖的毛发，并剔除后半身毛发的造型。性格活泼勇敢，对主人忠实，工作热情高。被毛需要每天打理，并定期修剪。

边境梗
[Border Terrier]

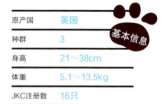

原产国	英国	基本信息
种群	3	
身高	21～38cm	
体重	5.1～13.5kg	
JKC注册数	16只	

小型犬

95名

必要的运动量
★ ★ ★ ★

训练强度
★ ★ ★

耐寒性
★ ★ ★

状况判断力
★ ★ ★ ★

　　边境梗的原产地是苏格兰与英格兰边境。18世纪左右因勇敢和不知疲惫受到器重，被用于捕猎狐狸和驱逐老鼠。会勇敢地钻入狐狸洞穴赶猎物出洞。全身覆盖刚毛，头部形似海獭。性格温厚，对陌生人也很友好。被毛需要每周梳理一次，并定期去除脱落的毛发。

西藏梗
[Tibetan Terrier]

原产国	中国　西藏	基本信息
种群	9	
身高	35.6～41cm	
体重	8～14kg	
JKC注册数	16只	

小型犬

96名

必要的运动量
★ ★ ★

训练强度
★ ★ ★

耐寒性
★ ★ ★

状况判断力
★ ★ ★ ★

　　西藏梗自古生活在寺院中，因被认为是可以守卫幸福的狗狗而受到保护，从而得以保留了纯正的血统。同时也负责保护家畜和狩猎。身材娇小，呈四方形，面部布满长毛。由于体型与梗犬相似而得名西藏梗。但实际上它们并没有梗犬的血统，性格也不具攻击性。长毛下隐藏着相距很宽的可爱双眼。性格温和，对主人忠诚。有些顽固，训练时要有耐心。需要每天梳理被毛。

小布拉班松犬
[Petit Brabancon]

必要的运动量
★ ★
训练强度
★ ★ ★
耐寒性
★ ★ ★
状况判断力
★ ★ ★ ★

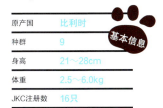

小型犬

97名

原产国	比利时	基本信息
种群	9	
身高	21～28cm	
体重	2.5～6.0kg	
JKC注册数	16只	

　　小布拉班松犬是由比利时土著犬与巴哥犬、爱尔兰水猎犬交配而来的，被用于捕鼠。坚硬的短毛覆盖在结实的身体上，突出的下颚是它们的特点之一。性格开朗滑稽，对家人感情深厚。警惕性、独立性强，略微顽固。虽然小型犬适合室内饲养，但小布拉班松犬属于易胖体质，需要注意饮食和运动的平衡。不耐寒，冬季需要做好保暖措施。要经常用拧干的毛巾擦拭额头和鼻子的褶皱处，保持清洁。

西里汉梗
[Sealyham Terrier]

必要的运动量
★ ★ ★ ★
训练强度
★ ★ ★
耐寒性
★ ★ ★ ★
状况判断力
★ ★ ★

小型犬

98名

原产国	英国	基本信息
种群	3	
身高	31cm以下	
体重	8～9kg	
JKC注册数	15只	

　　西里汉梗于19世纪后半期在威尔士的西里汉地区诞生。后来又加入了各种梗犬和柯基犬的血统。为了捕捉水獭、狐狸和獾，它们被培养成了可以钻入地下巢穴、荆棘丛，也可以下水的万能猎犬。它们身长腿短，但比例恰到好处。全身覆盖白色被毛。饲养上需要训练它们不要乱叫。被毛需要每天梳理，并定期修剪。

马斯提夫犬
[Mastiff]

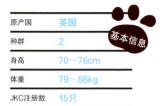

大型犬

99 名

基本信息		
原产国	英国	
种群	2	
身高	70～76cm	
体重	79～86kg	
JKC注册数	15只	

这是一种以藏獒为祖先的古老犬种。公元前就被用作军犬和格斗犬，17世纪在英国被用于与熊格斗。之后加以改良，约在100年前形成了现在的马斯提夫犬。它们骨骼粗壮，肌肉发达，头部较大，有褶皱，黑色面孔。性格冷静、沉稳。对主人顺从。勇敢，有超强的警惕性与防卫性，可以成为优秀的看门犬。饲养上必须进行服从性训练，适合有丰富饲养经验的人饲养。

必要的运动量
★ ★ ★ ★ ☆
训练强度
★ ★ ☆
耐寒性
★ ★ ☆
状况判断力
★ ★ ☆

沙皮犬
[Shar-Pei]

中型犬

100 名

基本信息		
原产国	中国	
种群	2	
身高	44～51cm	
体重	16～20kg	
JKC注册数	15只	

沙皮犬的原产地是中国广东省，自古居住在南海沿岸，负责看管家畜以及狩猎。犬名源于它们下垂的皮肤。全身有很深的褶皱，口吻宽，似河马。性格冷静沉着，以自我为中心。有时活泼，独立性强。对主人和家人忠诚。需要每天用毛巾擦拭褶皱处，以保持清洁。被毛每周用拧干的湿毛巾擦拭一次即可。

必要的运动量
★ ★ ★ ☆
训练强度
☆
耐寒性
★ ★
状况判断力
★ ★

守护爱犬健康的
基础知识

~基础知识~

1

探寻人气犬种的
常见病

P.158

~基础知识~

2

保持狗狗健康的
小窍门

P.169

~基础知识~

3

要对突发伤病
有所准备

P.177

1

探寻人气犬种的
常见病

由于原产地和基因系统的差别,不同犬种的常见病也有很大的不同。在这里将详细解读书中第22页开始介绍的20种人气犬种的常见病。

1名 贵宾犬
[Poodle]

小型犬

由于人气高,繁殖过度,导致遗传缺陷

贵宾犬比较娇贵,容易患皮肤病、过敏、眼部疾病、耳部疾病等。尤其是迷你型贵宾犬容易发生软骨发育不良而导致腿部短小。另外由于全世界范围的频繁繁殖导致迷你型和玩具型贵宾犬有着遗传性缺陷。主要现象为倒睫(睫毛向眼球方向生长)、泪管堵塞(疏导眼泪的通道闭合而导致多泪症)等病症。

⭐ **常见病**

低血糖症、睾丸下垂(雄犬)、气管萎缩、过敏性皮炎、癫痫、黑内障性白痴、白内障、昼盲症、血管性血友病、膝关节脱位、眼睑内翻症、皮质醇增多症、软骨发育不良、癌症。

吉娃娃
[Chihuahua]

小型犬

头部脆弱，要避免撞击

　　吉娃娃头盖骨的接缝处是没有闭合的。因此一定要避免有硬物撞击头部或拍打头部。另外它们骨骼纤细，从高处跳下会发生骨折。同时也要注意小型犬常见的低血糖症。该病的病因之一是精神压力过大，但确切病因尚且不详。

⭐ **常见病**

脑水肿、癫痫等脑部疾病、股关节/膝关节脱位、唇腭裂、气管萎缩、干性结膜炎、青光眼、角膜浮肿、低血压症、A型血友病。

腊肠犬
[Dachshund]

小型犬

身长腿短的身材
给脊椎带来压力

　　腊肠犬易患眼疾。如小眼球症（眼球整体萎缩）、白内障、视网膜脱落等。由于垂耳的关系也要注意耳部的疾病。这种狗最需要注意的是由于它们身长腿短的体型而导致的椎间盘疝。多发病于3~6岁。会引起麻木、后腿麻痹等症状。另外，糖尿病和尿路结石也是易患病症。

⭐ **常见病**

唇腭裂、椎间盘疝、睾丸下垂（雄犬）、眼睑外翻、青光眼、进行性视网膜萎缩、肾发育不良、癫痫、干性角结膜炎、小眼球症、白内障、骨硬化、糖尿病、尿路结石。

4 名

博美犬
[Pomeranian]

小型犬

易发生先天因素导致的
脱毛和黑皮症

　　博美犬也有着小型犬共通的头盖骨未闭合的症状，要避免头部受到撞击。除此之外还要注意膝关节脱位、由于脑脊髓液比例失调而导致的脑水肿、由于气管萎缩导致的呼吸困难等疾病。另外，博美犬先天缺乏一种用于分泌荷尔蒙的酶，会导致脱毛、皮肤黑化。雄犬易患前列腺疾病，雌犬易患子宫内膜症。

⭐ **常见病**

头盖骨破裂、关节颈椎发育不良、动脉管未闭、低血糖症、膝盖骨 / 肩胛骨关节脱位、气管萎缩、睾丸下垂（雄犬）、进行性视网膜萎缩、多泪症、激素障碍（脱毛）。

约克夏梗
[Yorkshire Terrier]

小型犬

5 名

要注意小型犬常见病
以及关节异常

　　和其他小型犬一样幼犬时期易患低血糖症。膝关节脱位也是困扰小型犬的问题之一，幼犬时如出现拖着腿行走的的现象，请尽快就医。另外，出生1~2年容易发生门静脉短路（门静脉与大静脉间出现异常连接，导致毒素在体内循环）。还要注意干性角结膜炎、倒睫等眼部疾病。

⭐ **常见病**

膝关节脱位、颈椎发育不良、干眼症、倒睫、脑水肿、肝性脑病（门静脉短路）、股骨头坏死。

柴犬
[Shiba]

小型犬

易患白内障、
角膜炎等眼部疾病

柴犬虽为人气犬种，没有由于过度的繁殖而导致的先天性疾病（豆柴由于信息不全，遗传性问题尚不明确），但是膝关节脱位、先天/老年性白内障以及由过敏及感染导致并发的角膜炎都很常见。幼犬畏寒，需要用被子或加热器保暖，以免生病。

★ 常见病

反射性呕吐、膝关节脱位、葡萄膜病、过敏。

西施犬
[Shih Tzu]

小型犬

由于头部构造
导致易患眼部疾病

总体上属于不易生病的犬种。但面部平坦，眼睛较大的犬类易患眼部疾病。眼球容易被毛发刺伤，眼球中心部难以分泌眼泪，导致角膜炎。另外，要注意头部受到刺激或高度兴奋会使眼球突出。易患椎间盘疝，发现腿部异常要及时就医。

★ 常见病

肾脏疾病（肾发育不良）、眼睑内翻症、角膜炎（干眼症、角膜溃疡）、倒睫、进行性视网膜萎缩、视网膜脱落、椎间盘疝、过敏。

8 名

马尔济斯犬
[Maltese]

小型犬

需要注意
小型犬常见病

易患脑水肿、低血糖症、膝关节脱位等小型犬常见病。还要注意避免头部撞击。倒睫严重者需要及时就医。年老后易患牙病，为防止发炎，必要时可以拔除。即使没有牙齿，只要在饮食上下功夫也可以活得很长久。

⭐ **常见病**

倒睫、脑水肿、外耳炎、失聪、牙周病、肥胖、低血糖症、心脏病、膝关节脱位、肛门囊炎、紫斑病、睾丸下垂（雄犬）。

迷你雪纳瑞
[Miniature Schnauzer]

小型犬

9 名

要留意尾部
皮肤病

先天性疾病较少，但偶有泌尿系统疾病。如肾病、膀胱炎、尿路结石等。迷你雪纳瑞易患脓包性皮炎，这是一种容易发生在有剃毛经历的迷你雪纳瑞尾部的皮肤病，可通过药浴、涂抹酒精等方式治疗。

 ⭐ **常见病**

泌尿系统疾病（肾病、膀胱炎、尿路结石）、生殖器官疾病、脓包性皮炎、青壮年型白内障（遗传性）、股骨头坏死、血管性血友病。

10名

法国斗牛犬
[French Bulldog]

小型犬

脸部褶皱
易导致各种病症

　　偶尔会出现一些先天性疾病，如唇腭裂、雄犬睾丸下垂、尿管位置异常等。由于面部和全身褶皱较多，容易引发细菌感染。因此褶皱处需要保持清洁。法国斗牛犬易患眼病，如眼睑内翻、眼睑外翻、多泪症、角膜溃疡等。另外也要留意由于股关节发育不良以及肩肘部慢性疲劳所引发的关节炎症。

⭐ **常见病**

眼睑内翻、眼睑外翻、脑水肿、肺动脉瓣狭窄、动静脉瘤、脊髓缺损、唇腭裂、软腭过长、鼻腔狭窄、睾丸下垂（雄犬）、尿管位置异常、恶性淋巴瘤、癌症。

金毛寻回犬
[Golden Retriever]

大型犬

不易生病，
但遗传问题较多

　　金毛寻回犬属于身体强壮的犬种，但是易患遗传性疾病。尤其是股关节发育不良的概率较高，要充分留意。白内障也多是由基因问题导致的。同时需要注意由于视网膜萎缩导致的眼睛无法正常工作的进行性视网膜萎缩。如出现挠皮肤、舔舐同一部位的现象，就可能是患上了急性湿疹性皮炎。

11名

⭐ **常见病**

肘关节／股关节发育不良、白内障（遗传性）、进行性视网膜萎缩、特应性皮炎、湿疹性皮炎、心脏疾病（大动脉瓣下部狭窄）、眼睑内翻、癌症、A型血友病、小脑发育不良。

12 名 蝴蝶犬
[Papillon]

小型犬

遗传性疾病少，
但要注意膝关节脱臼

　　蝴蝶犬是小型犬中对环境适应能力较强的犬种。遗传性疾病少，常见于其他犬种的股关节发育不良、进行性视网膜萎缩等病症也很少出现在蝴蝶犬身上。但是膝关节脱位例外。先天性因素以及受伤等原因容易导致膝关节脱位。虽然蝴蝶犬外形高贵，但是运动能力强，超喜欢弹跳玩耍，所以一定要注意观察它们的行为，以免脱位。

⭐ **常见病**

膝关节脱位、眼睑内翻。

威尔士柯基犬
[Welsh Corgi Pembroke]

小型犬

13 名

身长腿短的体型
会给脊椎和关节带来负担

　　这种犬与腊肠犬同源，都容易由于身长腿短的体型引发各种问题。尤其容易患椎间盘疝，会出现腿部麻木甚至麻痹的症状。要在病情恶化前给予治疗。幼犬期（1~2岁）容易由于脑部异常引发病症。另外容易患尿路结石，雄犬要注意急性尿道闭塞。

⭐ **常见病**

颈椎病（颈椎间盘疝）、癫痫、尿路结石（雄犬会引发急性尿道闭塞）、股关节发育不良、眼球脱落、进行性视网膜萎缩、青光眼、肩关节扭伤。

14 名

拉布拉多寻回猎犬
[Labrador Retriever]

大型犬

比其他犬种
更易患眼部疾病

⭐ **常见病**

白内障等眼部疾病、股关节/肩关节发育不良、甲状腺功能低下、皮肤癌、巨食道症、糖尿病、低血糖症、A型血友病、肌营养障碍、食物过敏、癫痫、子宫脱落、掉牙。

拉布拉多寻回猎犬由于遗传因素易患白内障。除此之外，还易患多发视网膜萎缩、视网膜发育不良等眼部疾病。另外由于遗传性因素，在出生后6个月到一年易出现股关节和肩关节发育不良，发现异常后要迅速就医。肌营养障碍也是这种犬的遗传性疾病，多在出生后3个月左右出现行走异常或运动障碍。

杰克罗素梗
[Jack Russell Terrier]

小型犬

15 名

是比较结实的犬种，
但要注意关节疾病

与其他犬种相比，杰克罗素梗属于不易患病的品种。但是要注意膝关节脱位。这种狗喜欢运动，但是要控制它们从高处跃下。幼犬期容易出现由于大腿骨血液流通障碍导致的股骨头坏死及皮肤病。另外由于遗传因素也会出现眼部疾病和听觉障碍。要多留意狗狗的状态。

⭐ **常见病**

膝关节脱位、股骨头坏死、皮肤病、听觉障碍。

16名

巴哥犬
[Pug]

小型犬

在室内饲养需要
仔细修剪指甲

　　巴哥犬指甲偏长，在室内的坚硬地面上生活容易引起脚踝部不适。易患的先天性疾病为唇腭裂，腭部下垂会使进食变得困难，并引发呼吸疾病。另外，巴哥犬不耐炎热，要注意避免中暑。夏季要选择早晚凉爽时出行，并及时补给水分。

★ **常见病**

唇腭裂、软腭过长、鼻腔狭窄、膝关节脱位、皮炎、眼睑外翻、尿路结石、心脏病、关节炎、股骨头坏死。

骑士查尔斯王猎犬
[Cavalier King Charles Spaniel]

17名

小型犬

垂耳，需要定期清洁

　　这种狗由于没有进行过度的交配，因此较少生病。但要注意先天性因素导致的脐疝。症状是肚脐突出，严重的可引发肠坏死，需要及早处理。由于是垂耳，耳中潮湿易导致患病，要经常清理。

★ **常见病**

心脏病、糖尿病、唇腭裂、脐疝、膝外骨脱位、白内障。

18 名

迷你杜宾犬
[Miniature Pinscher]

小型犬

易患疝气和皮肤病，要注意观察狗的全身

容易患疝气，导致小肠从腿根露出。原因多为先天性和事故引发的外伤等。这种狗在幼犬期容易出现大腿骨变形，导致血液循环不良，从而引发股骨头坏死。容易患各种皮肤病，皮肤色素缺失导致出现大块斑点。

★ 常见病

肩关节脱位、疝气、股骨头坏死、皮肤病、皮肤色素缺失。

边境牧羊犬
[Border Collie]

中型犬

19 名

要注意边境牧羊犬特有的血液疾病

容易出现眼部先天疾病，如柯利犬眼部异常(CEA)（视神经发育障碍）。症状发展会导致眼内出血和青光眼。另外灰色柯利综合征是这种狗特有的疾病，多发于陨石色边境牧羊犬。病情最终会引发败血症和肺炎。遗憾的是还没有非常有效的治疗方法。

★ 常见病

癫痫、听觉障碍、脐疝、鼻部日光性皮炎、动脉导管未闭、A 型血友病、视神经发育障碍、灰色柯利综合征（劣性遗传）、蠕形螨病、汗腺炎等皮肤病。

京巴犬
[Pekingese]

小型犬

饲养环境闭塞，易导致多种遗传性疾病

京巴犬长期被饲养于宫廷，因此没有与其他犬类交配的机会，存在多种遗传性疾病。主要有椎间盘疝、泌尿系统疾病、软腭过长导致呼吸困难等。眼部疾病众多，如白内障、视网膜萎缩、泪管闭合、倒睫等。若能够保持眼部周围干净，便可以预防此类疾病。需要每天悉心照料。

★ **常见病**

白内障、小眼球症、视网膜萎缩、泪管闭合、倒睫、椎间盘疝、泌尿系统疾病（尿路结石）、软腭过长。

专栏

杂交犬真的不易得病吗？

犬的种类有很多，虽然体型、被毛质地、颜色各有不同，但归根结底都是狼的后代。因此尽管大小和外观有所差异，但不同犬种之间也是可以生育后代的。由两只不同品种的犬交配繁殖而来的就叫作杂交犬。

纯种犬是人为使拥有共同特点的犬类不断地进行交配而产生的。也就是说纯种犬是被人为地强调了个性。纯种犬以外的就是杂交犬。但是杂交犬却与犬的原始形态更为接近。

很多杂交犬身体比例协调，耳型、被毛长度适中，性格稳重。虽不能一概而论，但是多数犬头脑聪明，善于运动。这些都归功于生物学中所说的自然选择。人为培育的纯种犬难以避免存在各种遗传缺陷。从这个意义上来讲，自然选择交配产生的杂交犬就相对比较健康。

保持爱犬身体清洁可以及早发现病症。
养成日常清洁的习惯!

保持狗狗健康的小窍门

保持身体洁净可以预防疾病,
但是强制它们配合反而会给它们带来心理负担。
学习一下更合适的处理方法吧。

狗狗一旦适应了,后面的工作就轻松了

　　狗狗对于陌生的事物会有警惕性。当你掏出它们从没见过的指甲钳,并强制它们剪指甲的时候,它们就自然会将指甲钳视为讨厌的东西,并将其记住。于是当你再次拿出指甲钳的时候,它们就会逃跑。日常打理上最重要的就是要让狗狗逐渐适应。比如剪完指甲后如果有零食作奖励,狗狗们就会将指甲钳和吃零食两件事联系到一起,最后乖乖地来剪指甲。虽然有些麻烦,但是比起每次都要满屋追着狗狗剪指甲要省事得多。

比如剪指甲这件事

按住狗狗强制剪指甲
↓
指甲钳=讨厌的东西
↓
看见指甲钳就逃跑

不勉强
↓
【晋级方法】
①拿出指甲钳+给零食
②把指甲钳放在指甲上+给零食
③剪一颗指甲+给予最爱的零食
④第二天再剪一颗指甲+给予最爱的零食
↓
会逐渐变得不给零食也能剪指甲

最终,剪指甲就会变成极其平常的事情,即使不给奖励也可以乖乖配合。

梳理毛发

梳理毛发不仅可以保持被毛的状态，同时对皮肤有着按摩的效果，
可以促进皮肤血液循环，有助于健康。

定期梳理毛发可以促进皮肤血液循环

梳理毛发不仅可以保持被毛的状态，同时对皮肤有着按摩的效果，可以加快皮肤血液循环，
促进新陈代谢。疏于梳理的话，已经脱落的毛发就会一直粘在身上，引发皮肤病。长毛型的犬
类需要两天梳理一次，短毛型的每周梳理1~2次。

梳理时要轻柔！

梳理时最基本的要点就是要轻柔，不要用力过
大。乱梳一气会让狗狗变得讨厌梳毛。

让狗狗趴在地上梳理

为了便于收拾，请在地上铺好毛巾
后再开始梳理。要从头部及背部等
已经习惯被抚摸的位置开始梳理。

抱着梳理

抱着梳理也是很好的。梳理敏感部
位时，如果可以抱起狗狗就可以让
它们稳定下来。

剪指甲

很多主人都将给狗狗剪指甲这件事交给宠物美容院。但是只要掌握好窍门，我们就完全可以在家里自己动手修剪。我们来看看修剪方法吧。

为了让狗狗适应，每天剪一点点

由于犬类的指甲里有神经和血管，因此想要安全地修剪指甲最重要的就是不要剪得过深。一开始只修剪指甲前端即可。而且要注意循序渐进，不要急于求成，以免狗狗排斥。刚开始不要企图一次剪完所有指甲，从只剪一颗指甲开始吧。

不会伤到爱犬的 剪指甲窍门

犬类的指甲里有神经和血管，剪得过多，狗狗会疼，甚至会出血。这样就会导致它们排斥剪指甲。让我们记住正确的修剪方法吧。

仔细观察指甲的横断面，一点点修剪

如右图所示，狗狗的指甲里面包裹着神经和血管。刚开始的时候就只将前端修剪掉一点点即可。要注意在剪的同时要观察横断面。

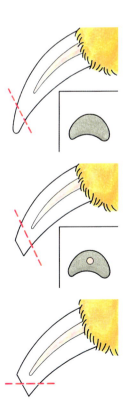

微微看见血管就要停下来

白色指甲的狗狗可以看见其指甲内的神经，可以尽量剪短。黑色指甲的狗狗要观察其横断面，看见横断面中央颜色变浅，就要停手。

修掉尖角，调整指甲的形状

最后的收尾工作就是修剪掉有尖角的部分。可以用指甲钳修剪，也可以用指甲锉将尖角磨平。

刷牙

如果牙齿和牙龈不健康，狗狗就无法享用它们最爱的美食。

为了狗狗身体健康，要定期给它刷牙！

狗狗的健康，离不开定期刷牙

很多人认为狗狗不需要刷牙，这是极其错误的想法。它们和人类一样，也需要保护牙齿。一旦牙齿和牙龈患病就无法正常饮食，导致体力下降，从而染上其他疾病。长期不刷牙还会产生牙石，严重的话需要在全身麻醉的情况下去除牙石。

让狗狗习惯刷牙的 4个步骤

牙刷和牙膏对于狗狗来说都是陌生的。遵循以下
4个步骤，让狗狗逐渐习惯刷牙，放下戒心。

让狗狗了解牙膏的气味

首先给狗狗看牙膏，让它嗅一嗅、尝一尝适应牙膏。第一天只做到这里也无妨。

用手指给狗狗刷牙

不要直接用牙刷。首先用手指沾上牙膏，像按摩牙齿和牙龈那样试着触碰。

用牙刷刷前牙和犬齿

当狗狗适应被触摸牙齿和牙龈后，就可以用牙刷了。一开始不需要狗狗张大嘴，从前牙和犬齿刷起。

习惯了以后再刷后面的牙齿

在很配合地刷前牙和犬齿之后就可以刷后面的牙齿了。后面的牙齿非常容易积累牙垢和牙石，要仔细地刷。

洗澡

给狗狗洗澡是个大工程，很多主人都会交给宠物美容院来做。
其实在家里也一样可以。我们来了解一下给狗狗洗澡的流程。

洗澡的同时观察爱犬的身体状态

很多宠物主人会选择去宠物美容院给狗狗洗澡。这对于青壮年的狗狗完全没有问题，但对
某些老年犬来说会让它们感到精神压力。所以我们要及早学会在家洗澡的方法。而且给狗狗洗
澡时会触碰到它们的身体，如果发现触碰某些部位会使狗狗感到疼痛，就应该及时就医。

洗澡的顺序和要点

一旦狗狗讨厌洗澡，下次洗澡就会逃走。怎样才
能让狗狗主动洗澡呢？我们记住以下要点。

用淋浴头紧贴皮肤，淋湿全身

首先淋湿全身。水温不要太热，稍微温暖即
可。用淋浴头紧贴狗狗身体，淋湿毛发根部。

↓

将泡泡状的洗发水涂满全身

全身湿透后，涂抹上事先已打出泡沫的洗发
水。用手指肚清洗（不要用指甲挠）。不要
忘记脸部周围和脚部。

↓

将身体上的洗发水冲洗干净

全身清洗干净后，用温水冲洗。如果洗发水
冲洗不净，对狗狗皮肤健康不利。要多花一
些时间仔细清洗。

↓

按照从头到身的顺序用毛巾快速擦拭

狗狗很讨厌头部湿漉漉的状态，因此要按照
先头部后身体的顺序擦干。建议大家选用吸
水性好的毛巾擦拭。

要点 1

冲洗头部时水流要轻柔!

如果眼睛和耳朵里
进水，狗狗就会表
现出强烈的抗拒。
冲洗头部时水流一
定要调小，同时注
意水流的方向。

要点 2

使用吹风机要选冷风挡!

狗狗对高温敏感，
使用吹风机时要选
择冷风挡。患有皮
肤病时用吹风机吹
干有可能导致病情
恶化，因此不可以
使用。

⑤ # 清洁耳道

犬类耳道的构造比人类的复杂，用人类的方式给狗狗清洁耳道是很危险的。
这里介绍一下使用洗耳液清洁耳道的方法。

垂耳的狗狗更容易患耳部疾病

耳道内存在细菌，通常情况下这种细菌并不会产生不好的影响。但如果细菌繁殖异常，就会引发疾病。因此需要定期清洁耳道，使耳道保持干净的状态。尤其是垂耳的狗狗，耳朵里容易潮湿，非常容易感染耳部疾病。需要定期使用洗耳液清洁。

使用洗耳液清理耳道的方法

使用犬类专业洗耳液不会伤及耳朵内部，是最适合狗狗的清洁方法。但是清洁过程中会发生液体飞溅，一定要在浴室或屋外进行！

将洗耳液倒入耳道

首先将洗耳液倒满耳朵，要固定住爱犬的头部，以免摇晃。

温柔地揉捏耳根

继续固定爱犬的头部，轻柔地揉捏耳根部，让洗耳液充分浸泡耳道内部。

让爱犬晃动头部

放开狗狗的头部，它会不停晃动头部将耳内的液体甩出，这样液体就会带着耳垢一同排出。

擦拭耳垢

用纱布擦拭被甩出的洗耳液和耳垢。同时确认狗狗是否有感到疼痛的部位。

眼周护理

眼周皮肤非常娇嫩，但主人们经常会忽视对这里的清洁，这样会导致眼周疾病。

让爱犬适应被触碰眼周

眼周的污渍和眼屎会导致感染，需要定期清理，保持眼周清洁。但是眼周皮肤和眼球都很敏感和娇嫩，清洁时要注意不可用力。每周至少清理一次，清理的同时要注意观察爱犬的眼部健康。

安全清理眼周的方法

多数狗狗被触碰眼周时都会表现出抗拒的反应。所以要先让它们适应被触摸脸部。严禁用手指或指甲，去除眼屎，以免发生事故。

去除眼中异物

不能用手指，用水!

一旦狗狗眼中混入异物，直接用手指或指甲去取出是很危险的。狗狗突然活动有可能会伤到眼球。这时候要用棉球沾满水，覆盖到狗狗眼睛上，使异物浮起并流出，这样才能安全去除异物。

沾满水上 棉球

异物浮出 用水使

去除污渍

从上至下擦拭

擦眼角

擦拭眼角处的眼屎时，要固定狗狗的头部，让它睁开眼睛，从上至下擦拭。

从眼角擦向眼梢

擦拭眼周

眼周有污垢的时候，要从眼角向眼梢的方向以抚摸的力度擦拭，不能用力。

7 肉垫护理

肉垫疼痛将导致难以行走，要通过按摩、涂抹乳液等方式进行护理。

肉垫缺少水分会出现龟裂和出血

狗狗的肉垫一旦受伤无法行走，便会导致体力下降、心理压力增强。理想状态的肉垫是柔软、湿润的状态，如果干燥、变硬就会龟裂和出血。因此要定期清洁并涂抹保湿乳液，保持肉垫的润泽状态。

肉垫的护理方法

只抓狗狗四肢会招来抗拒，因此洗肉垫的时候建议将狗狗抱起来清洗。待狗狗冷静下来，再按照以下步骤清洗肉垫。

用温水浸湿足部
在容器中倒入温水，将狗狗的足部泡入其中。待肉垫吸收水分变软后再轻柔地清洗。

肉垫中间也要清洗干净
不止肉垫表面，肉垫中间也要仔细检查。如果有污垢或异物要逐一去除。

用毛巾擦干
清洗干净后用毛巾充分擦拭干净。尤其是肉垫中间缝隙里容易潮湿，导致细菌繁殖，要仔细擦拭。

要点

最后涂上乳液保湿
和人类的皮肤一样，狗狗的肉垫清洗后也会丧失油分，干燥会导致肉垫龟裂和出血。清洗后要用肉垫保湿乳加稍加按摩。

有备无患！

要对**突发伤病**有所**准备**

伤病总是来得猝不及防，主人们要学会应急处理。

对于伤病，平时就要做到心中有数

由于突发事故造成的受伤，或者突然发病，首先要与动物医院取得联系。突然造访的话，可能会由于医院没有做好准备而延误治疗。因此要常备几个动物医院的联系电话，确认院方可以接收诊治后再将爱犬送至动物医院。如果平时可以进行演练，在发生意外的时候就可以冷静面对。

另外下一页开始介绍的应急处理方法也要记在心中，并做到在任何时刻都不慌张。

该怎样运送至医院？

即使是性格温顺的狗狗，在遭遇事故受伤的时候也会陷入兴奋状态。混乱中甚至有可能误伤主人。

●中、大型犬……
两人用浴巾搬运就医
中、大型犬需要由两个人分别拉扯浴巾的两端，像担架一样运送。注意要用力拉扯使浴巾展开，以免造成狗狗腰部骨折。

●小型犬……
双手怀抱运送就医
如果狗狗的体型可以怀抱，就将两只手臂伸入狗狗身下，用手臂力量支撑。为了使狗狗放心，要将自己的身体和它紧密贴合。

擦伤

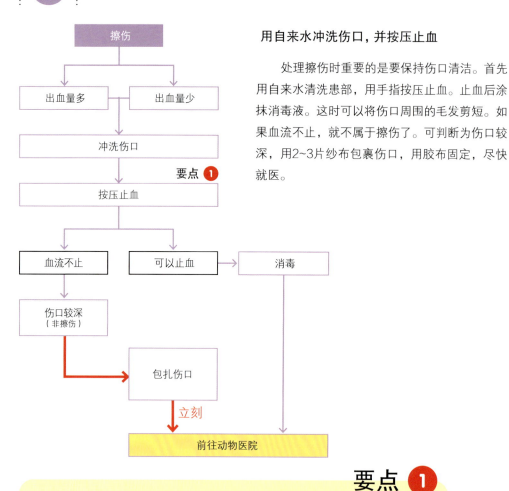

```
        擦伤
         │
    ┌────┴────┐
    │         │
出血量多    出血量少
    │         │
    └────┬────┘
         │
     冲洗伤口
         │          要点 ①
     按压止血
         │
    ┌────┴────┐
    │         │
 血流不止   可以止血  ──→   消毒
    │                        │
 伤口较深                    │
（非擦伤）                    │
    │                        │
    └──→   包扎伤口           │
                │            │
              立刻            │
                ↓            ↓
            前往动物医院
```

用自来水冲洗伤口，并按压止血

处理擦伤时重要的是要保持伤口清洁。首先用自来水清洗患部，用手指按压止血。止血后涂抹消毒液。这时可以将伤口周围的毛发剪短。如果血流不止，就不属于擦伤了。可判断为伤口较深，用2~3片纱布包裹伤口，用胶布固定，尽快就医。

要点 ①

用纱布压迫止血的方法

①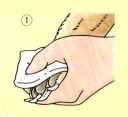
用持有纱布的手握住狗狗脚部，按压伤口周围血管，逐渐加力。不可突然给力。

②
然后用纱布包裹伤口，并用绷带固定。在出血点的正上方包扎、固定。

扎伤

**轻微扎伤拔出后消毒，
严重扎伤立刻就医**

　　有时扎伤的伤口看起来很小，但有可能伤及深处。要注意避免感染化脓。扎刺或被玻璃扎伤时，用除毛器或镊子将异物拔出，压迫伤口周围。用水洗净后消毒。如被树枝等扎伤，不要贸然拔出，用绷带固定后立刻就医。如果异物已经拔出，要用纱布按住伤口，勒紧绷带就医。

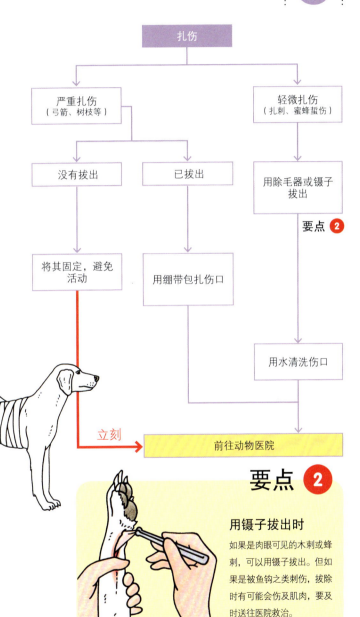

扎伤

严重扎伤
（弓箭、树枝等）

轻微扎伤
（扎刺、蜜蜂蜇伤）

没有拔出

已拔出

用除毛器或镊子拔出

要点 ❷

将其固定，避免活动

用绷带包扎伤口

用水清洗伤口

立刻

前往动物医院

要点 ❷

用镊子拔出时

如果是肉眼可见的木刺或蜂刺，可以用镊子拔出。但如果是被鱼钩之类刺伤，拔除时有可能会伤及肌肉，要及时送往医院救治。

外伤

要点 3

用水管从上往下冲洗

稳定住狗狗后从上往下用水管冲洗伤口。可以让狗狗站在桶里，以免逃跑。尽可能只冲洗伤口周围。冬季要在浴室里用温水冲洗。

去除伤口污垢，包扎就医

外伤是指皮肤黏膜呈断裂状态的伤口。首先用剪刀将伤口周边毛发剪短，观察情况。

若伤口较浅，可以用脱脂棉蘸上消毒液擦拭去除伤口异物。若伤口较深并有严重污垢，则须用自来水冲洗。无论伤口深浅，清洁干净后都要用纱布和绷带包扎，并就医。要将伤口覆盖，以免狗狗触碰。

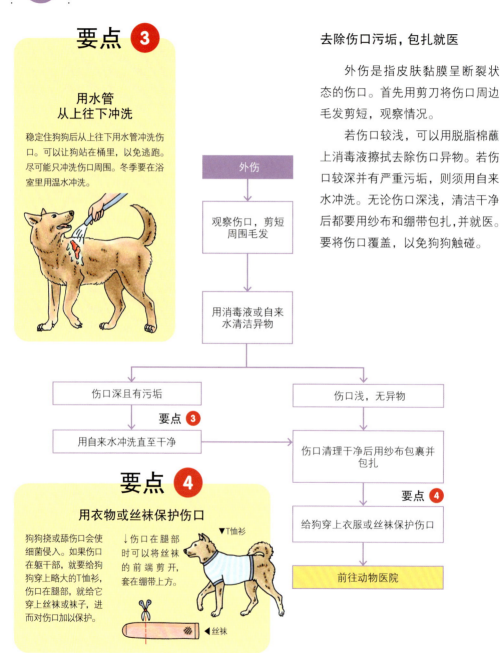

外伤

↓

观察伤口，剪短周围毛发

↓

用消毒液或自来水清洁异物

┌─────────────┴─────────────┐

伤口深且有污垢 　　　　　伤口浅，无异物

要点 3 　　　　　　　　　　　　↓

用自来水冲洗直至干净 　　　伤口清理干净后用纱布包裹并包扎

　　　　　　　　　　　　　　　要点 4

　　　　　　　　　　　　　　　↓

要点 4

用衣物或丝袜保护伤口

狗狗挠或舔伤口会使细菌侵入。如果伤口在躯干部，就要给狗狗穿上略大的T恤衫，伤口在腿部，就给它穿上丝袜或袜子，进而对伤口加以保护。

↓伤口在腿部时可以将丝袜的前端剪开，套在绷带上方。

▼T恤衫

◀丝袜

给狗穿上衣服或丝袜保护伤口

↓

前往动物医院

烧烫伤

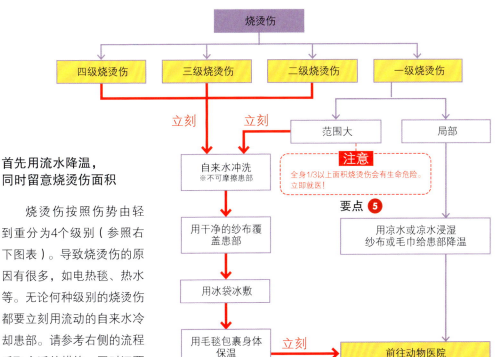

```
            烧烫伤
  ┌────────┬────────┬────────┬────────┐
四级烧烫伤  三级烧烫伤  二级烧烫伤     一级烧烫伤
                              ┌──────┴──────┐
    立刻      立刻          范围大        局部
```

首先用流水降温，同时留意烧烫伤面积

　　烧烫伤按照伤势由轻到重分为4个级别（参照右下图表）。导致烧烫伤的原因有很多，如电热毯、热水等。无论何种级别的烧烫伤都要立刻用流动的自来水冷却患部。请参考右侧的流程采取合适的措施。同时还要注意烧烫伤的面积。即便是一级烧烫伤，如果面积过大也会有生命危险，要立刻就医。

自来水冲洗
※不可摩擦患部

注意
全身1/3以上面积烧烫伤会有生命危险。立即就医！

要点 5

用干净的纱布覆盖患部

用凉水或凉水浸湿纱布或毛巾给患部降温

用冰袋冰敷

用毛毯包裹身体保温

立刻

前往动物医院

● 烧烫伤级别

级别	状态
四级烧烫伤	皮下组织被破坏，细胞坏死，不可再生
三级烧烫伤	真皮溃烂、脱落
二级烧烫伤	伤及真皮、出现水疱、湿润
一级烧烫伤	表皮发红、湿润

要点 5

用装入冰块的塑料袋冷却患部也ok

局部烧烫伤用冰袋冷敷有很好的效果。用塑料袋装上冰块即可。烧烫伤越早冷却，恢复越快，因此需要迅速应对。

中暑

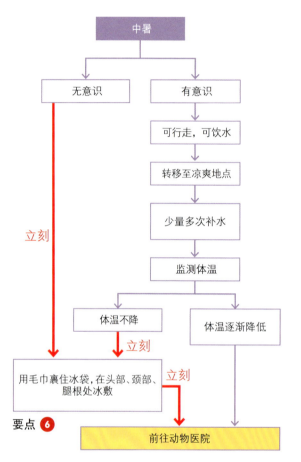

中暑

无意识   有意识

可行走，可饮水

转移至凉爽地点

少量多次补水

监测体温

体温不降   体温逐渐降低

立刻

立刻

立刻

用毛巾裹住冰袋，在头部、颈部、腿根处冰敷

要点 ❻

前往动物医院

将爱犬移至凉爽处，用冰袋降温

重度中暑会失去意识，出现痉挛。如果有意识，可以行走，就将其转移至凉爽地点后给予少量多次补充水分。然后用冰袋给身体降温，并观察体温。如果体温持续居高不降，就要迅速就医。另外如果失去意识就要参照下图，冰敷4个大血管处，并迅速就医。

要点 ❻

① ② ③ ④

用毛巾包裹冰袋冰敷以下4个位置

①头部
②颈部
③前腿根部
④后腔根部

如果体温持续不降，就如左图所示将爱犬放置在浴巾上，同时冰敷以上4个位置。冰敷时要用毛巾包裹冰袋，以免冻伤。

食道内异物

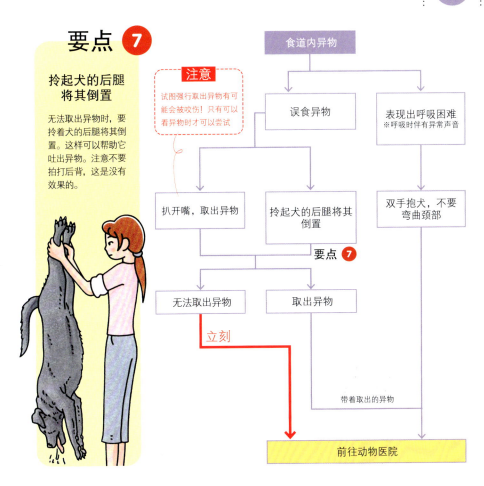

要点 7

拎起犬的后腿将其倒置

无法取出异物时，要拎着犬的后腿将其倒置。这样可以帮助它吐出异物。注意不要拍打后背，这是没有效果的。

注意

试图强行取出异物有可能会被咬伤！只有可以看见异物时才可以尝试

食道内异物

误食异物 → 表现出呼吸困难 ※呼吸时伴有异常声音

扒开嘴，取出异物 → 拎起犬的后腿将其倒置 要点 7 → 双手抱犬，不要弯曲颈部

无法取出异物 → 取出异物

立刻

带着取出的异物

前往动物医院

无法用手取出异物时就拎起犬的后腿将其倒置

食物、玩具等异物卡在食道内，会导致呕吐、吞咽困难、呼吸困难等症状。尤其幼犬更容易误食，需要格外小心。如果让犬张开嘴后无法用手去除异物，就试着拎起犬的后腿将其倒置。另外，如果呼吸时有异常声音，或者咽喉部卡有鱼刺、鸡骨头、鱼钩等异物时，严禁自行处理。这时要找一个可以让犬呼吸顺畅的姿势，并迅速就医。

瘙痒

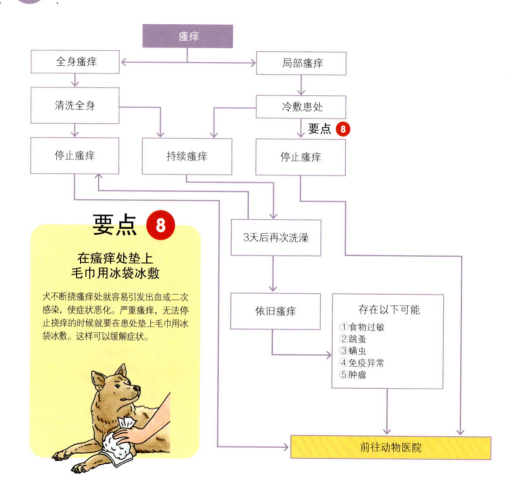

瘙痒

全身瘙痒 ← → 局部瘙痒

清洗全身 → 冷敷患处

要点 ❽

停止瘙痒   持续瘙痒   停止瘙痒

3天后再次洗澡

要点 ❽

在瘙痒处垫上 毛巾用冰袋冰敷

犬不断挠瘙痒处就容易引发出血或二次感染，使症状恶化。严重瘙痒，无法停止挠痒的时候就要在患处垫上毛巾用冰袋冰敷。这样可以缓解症状。

依旧瘙痒

存在以下可能
①食物过敏
②跳蚤
③螨虫
④免疫异常
⑤肿瘤

前往动物医院

如果持续瘙痒请尽快就医

　　瘙痒的原因不仅限于过敏，外伤、寄生虫、细菌、肿瘤等都有可能引发瘙痒。无论何种原因，当发现犬瘙痒时首先要尽可能地清理患部，并避免犬抓挠、舔舐患处。如果清理狗床、洗澡也无法缓解瘙痒，就要尽快请医生诊断。不要小视瘙痒，否则可能会引发严重疾病，请务必就医。

肛门瘙痒

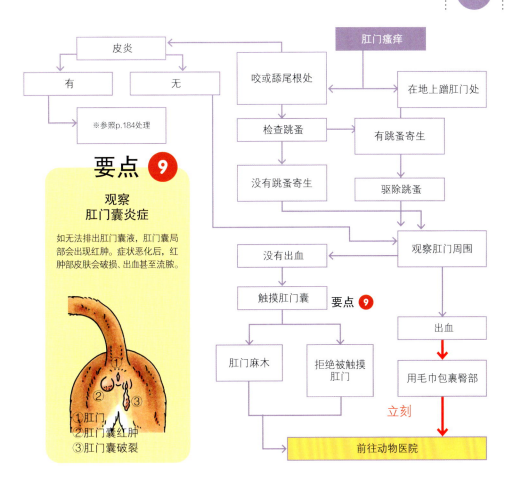

肛门瘙痒

咬或舔尾根处 ↔ 在地上蹭肛门处

皮炎

有　　无

※参照p.184处理

检查跳蚤 → 有跳蚤寄生

没有跳蚤寄生　　驱除跳蚤

要点 9

观察
肛门囊炎症

如无法排出肛门囊液，肛门囊局部会出现红肿。症状恶化后，红肿部皮肤会破损、出血甚至流脓。

没有出血 ← 观察肛门周围

触摸肛门囊　**要点 9**

出血

肛门麻木　　拒绝被触摸肛门

用毛巾包裹臀部

立刻

前往动物医院

①肛门
②肛门囊红肿
③肛门囊破裂

肛门瘙痒有可能是患上了肛门囊炎或者是跳蚤作祟

肛门囊是指肛门周围的一种袋状分泌腺体，可以积攒有气味的分泌物。正常情况下，肛门囊会在排便时受到肌肉的挤压排出肛门囊液。但由于某些原因使排出分泌物的管道受阻，就会导致细菌感染，引发炎症。肛门囊炎的症状发展后可能会造成管道破裂或形成脓肿。但肛门瘙痒也有可能是由于肛门周围的皮肤炎症或跳蚤引发的。请参照上面的流程采取适当的处理方式。

步态异常

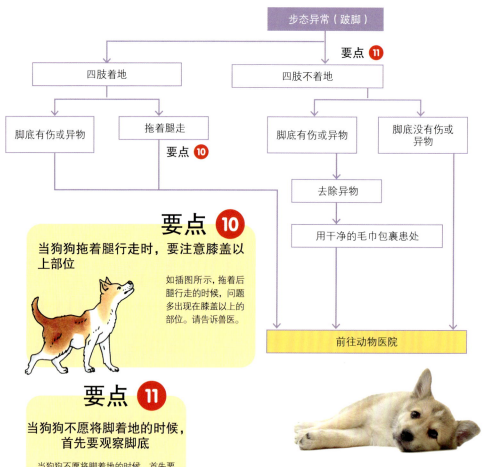

步态异常（跛脚）

四肢着地　　　　　　　　　　　四肢不着地　　要点 **11**

脚底有伤或异物　　拖着腿走　　　　脚底有伤或异物　　脚底没有伤或异物
　　　　　　　　要点 **10**

去除异物

用干净的毛巾包裹患处

前往动物医院

要点 **10**

当狗狗拖着腿行走时，要注意膝盖以上部位

如插图所示，拖着后腿行走的时候，问题多出现在膝盖以上的部位。请告诉兽医。

要点 **11**

当狗狗不愿将脚着地的时候，首先要观察脚底

当狗狗不愿将脚着地的时候，首先要确认脚底是否被扎伤。没有伤口的话，就有可能是扭伤或骨折。

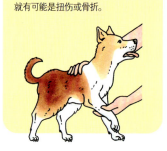

不要自己妄加判断，请务必就医

　　跛脚是由于肌肉、骨骼、关节、韧带等损伤或外伤造成的。不同部位的疼痛会导致不同的跛脚方式。请观察步态及时找到患处，参照上面的流程就医。导致步态异常的原因有很多，自己妄加判断是非常危险的，请务必接受医生的诊断。

家中需要常备的药、材料和工具

先来确认一下需要常备的物品

为了以防万一，家中需要常备一些在狗狗受伤和生病时所需的常用药品和工具，并定期对其补充和更新。卫生材料是人犬可以共用的，但最好能够单独为爱犬准备一份。准备一个爱犬专用的急救箱，在有需要的时候就可以迅速取出。首先请参考下面的列表，准备最低限度的必备物品。这些物品可以在动物医院或宠物店购买。

手头没有急救物资的时候可以使用身边的其他物品代替。例如骨折或脱臼的话可以像下图这样使用杂志对腿部进行固定。

药
材
料
工
具

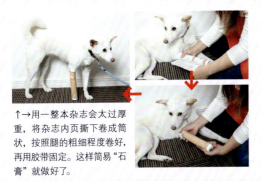

↑→用一整本杂志会太过厚重，将杂志内页撕下卷成筒状，按照腿的粗细程度卷好，再用胶带固定。这样简易"石膏"就做好了。

必备物品列表

其他	卫生材料	器具	外用药
大号毛巾	纱布	剪刀	外用药
中号毛巾	脱脂棉	剃毛刀	医用酒精
小号毛巾	弹力绷带	小镊子	碘酒
透明胶带	三角巾	指甲钳	外伤用消毒液
胶布	漂白布	犬用电子体温计	软膏
橡皮筋	创可贴	注射器（喂药用）	凡士林
冰袋	棉棒	剃毛推子	止血粉
毛毯			眼药水
毛巾被			
暖宝宝		**内服药**	
胶皮手套		胃肠药	
塑料手套			

◀纱布

▼剪刀

▼小镊子

▲脱脂棉

▼注射器（喂药用）

▲毛巾（中号）
◀塑料手套

◀弹力绷带

▶碘酒

最终由饲主来决定！

绝育与避孕

主人需要对爱犬的繁殖负责。请在充分理解了绝育与避孕的利弊的基础之上再决定是否要接受手术。

请充分理解绝育和避孕的利与弊

雄犬的绝育手术需要摘除精巢，雌犬的避孕手术则需要摘除卵巢和子宫。术后由于不会继续分泌雄性激素和雌性激素，犬的运动量会有所减少，从而导致肥胖。由于手术需要麻醉，存在一定的风险。

另外，摘除了生殖器官，就免去了患生殖系统疾病的困扰。雌犬不易患子宫内膜炎、乳腺癌。幼犬时接受绝育和避孕手术后，犬的攻击性会有所下降。虽然存在个体差异，但撕咬、吠叫等现象都会有所抑制。雄犬会减少用尿液做记号和骑跨行为。绝育后雄犬可以避免求偶所带来的精神压力，雌犬也可以告别发情期所带来的身体变化。可以让爱犬保持更为稳定的精神状态。

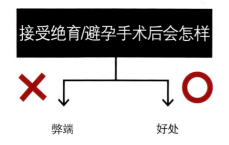

接受绝育/避孕手术后会怎样

✖ → 弊端

⭕ → 好处

①手术和麻醉存在风险
②易肥胖

①不会患生殖系统疾病
②问题行为减少
③减轻精神压力
④避免不必要的怀孕

会减少的问题行为
· 用尿液做记号
· 吠叫
· 撕咬
· 骑跨行为

生殖器官疾病 / 雄犬的代表性
· 精巢肿瘤
· 前列腺肥大
· 肛门周围腺瘤
· 会阴疝气

生殖器官疾病 / 雌犬的代表性
· 子宫蓄脓
· 子宫内膜炎
· 卵巢肿瘤
· 乳腺肿瘤

世界

珍稀犬种
集合啦

小型犬

猴犬
[Affenpinscher]

外形似猴，性格急躁的狗

这种犬的名字源于它们的外形，能让人联想到猴子，口吻短，眼睛圆。这种犬刚刚出现时是大型犬，后来被培育成了现在的小型犬。它们帮助人们做驱除老鼠的工作。性格开朗活泼，对主人和家人都深情款款。戒备心强，性格有些急躁，对陌生人会激烈吠叫。需要从小进行社会性训练。

基本信息	
原产国	德国
种群	2
身高	25~30cm
体重	3~6kg

中型犬

爱尔兰水猎犬
[Irish Water Spaniel]

性格温和、善于社交是它的魅力之处

爱尔兰水猎犬属于猎犬中体型最大的犬种。被毛柔软，耐水性好。曾是专门捕捉水鸟的猎犬。历史悠久，7—8世纪的遗迹中就有类似此种犬的画像。性格温和，警惕性弱，会以幽默的行动与人接触，是一种非常适合家庭饲养的狗狗。但是它们的运动量大，需要可以自由玩耍的宽敞空间。如果可以提供它们玩水的条件就更理想了。

基本信息	
原产国	爱尔兰
种群	8
身高	51~59cm
体重	20~30kg

大型犬

爱尔兰猎狼犬
[Irish Wolfhound]

性格温和、善于社交是它的魅力之处

　　爱尔兰猎狼犬是所有犬类中身高最高的犬种。肌肉发达，爆发力强。气质稳重，信赖主人和家人。幼犬期必须进行服从性训练，训练后一定会成为受大家喜爱的家庭犬。为了保证它们庞大身躯的健康，每天必须进行丰富的运动。早晚各散步一次，每次1小时左右。同时，可以供它们自由奔跑的饲养环境也非常重要。

基本信息	
原产国	爱尔兰
种群	10
身高	71~86cm
体重	40.5~54kg

中型犬

爱尔兰软毛梗
[Irish Soft-Coated Wheaten Terrier]

会本能地追逐移动的物体，要小心看管

　　爱尔兰软毛梗早在200多年前就在爱尔兰农场负责驱除老鼠、獾等动物。有着强烈的探索心和好奇心，会本能地追逐移动的物体。要注意看管，以免发生意外。它们活力十足，勇敢，而且梗犬特有的暴躁性格得到了一定的改良。早晚各需要散步1小时左右。多准备几条散步路线，才能让主人和狗狗都不会感到厌烦。

基本信息	
原产国	爱尔兰
种群	3
身高	46~48cm
体重	16~20kg

中型犬

爱尔兰梗
[Irish Terrier]

对主人顺从，对外人具有攻击性

爱尔兰梗是原产于爱尔兰的梗犬中最为古老的犬种。16世纪的绘画当中就存在它们的身影。第一次世界大战中，它们曾作为传令犬活跃在战场上。它们奔跑速度快，服从主人命令。但是也保有梗犬特有的暴躁和好斗的性格。对陌生人具有攻击性，要着重进行服从性训练，才能达到对主人命令的绝对服从。

基本信息	
原产国	爱尔兰
种群	3
身高	46cm左右
体重	11.4～12.5kg

大型犬

爱尔兰红白雪达犬
[Irish Red and White Setter]

精力充沛，需要大量运动

人们在爱尔兰红白雪达犬的基础上培育出了爱尔兰红色蹲猎犬。18世纪40年代人气低迷，曾一度濒临灭绝。由于爱犬人士的保护运动才得以繁殖至今。性格温和，对主人和家人顺从。但是对陌生人不会表现出强烈的兴趣。也不会由于警惕而吠叫。因此不适合作看门犬。它们奔跑速度快，精力充沛。因此要求饲养它的主人必须可以陪同进行长时间的散步。

基本信息	
原产国	爱尔兰
种群	7
身高	57～69cm
体重	27～32kg

中型犬

美国水猎犬
[American Water Spaniel]

爱玩水的水陆两用回收犬

据说它们的祖先是已经灭绝的英国水猎犬。嗅觉极为灵敏，被用于捕捉野兔。被毛防水性良好，因此成为水陆两用的狩猎回收犬。性格稳重，喜欢与人亲近，容易训练。运动不足会产生精神压力，每天早晚要各散步半小时左右。要尽可能多给它们玩水的机会。

基本信息	
原产国	美国
种群	8
身高	36~46cm
体重	11~20kg

中型犬

美国斯塔福梗
[American Staffordshire Terrier]

勇猛善战，天生的战士

为了得到一种强大的斗犬，人类混合了多种梗犬和斗牛犬的血脉才创造出了美国斯塔福梗。它们勇猛善战，是天生的战士。因此如果不进行社会性训练，它们身上残暴的一面将暴露无遗。为了抑制这种天性，必须彻底地进行服从性训练。饲养这种犬需要充分的饲养经验，新手难以驾驭。如果训练得当，它们也会对主人表现出爱意，可以成为优秀的看门犬。

基本信息	
原产国	美国
种群	3
身高	43~48cm
体重	18~23kg

大型犬

伊比沙猎犬
[Ibizan Hound]

古代帝王的爱犬，
每天需要长时间的运动

伊比沙猎犬的祖先是古埃及法老所饲养的猎犬。它们嗅觉和听觉灵敏，善于捕兔。对主人顺从，但不喜欢接近陌生人。家庭饲养时需要满足它们极高的运动需求。每天至少早晚各运动1小时。它们有着很强的猎犬天性，会本能地追逐活动的物体。因此要严格训练。不适合新手饲养。

基本信息	
原产国	西班牙
种群	5
身高	56~74cm
体重	19~25kg

大型犬

英国赛特犬
[English Setter]

英国猎鸟犬是它们的祖先，
超爱玩水

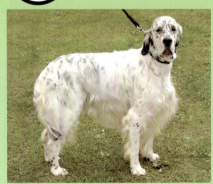

英国赛特犬善于回收猎物，15世纪左右在英国被用作猎鸟犬，随着猎枪的普及它们也人气暴涨。它们是天生的猎犬，但性格温和，需要在幼犬时期进行社会性训练。它们对其他动物和孩子友好，适合家庭饲养。由于祖先曾奔跑于荒山和水边，因此有着旺盛的运动需求。除了早晚各散步1小时以外，如果可以玩水，它们会很开心的。

基本信息	
原产国	英国
种群	7
身高	61~68cm
体重	25~30kg

大型犬

英国波音达犬
[English Pointer]

可以告知猎物方位的猎犬

英国波音达犬在发现猎物后，会放低身体，将前腿指向猎物的方向，用这种方式告知猎人猎物的方位。它们对主人有着很强烈的奉献精神。性格温和，但同时具备很强的猎犬天性。必须训练它们理解社会规则。精力旺盛，每天需要长时间的散步。它们非常喜欢和主人玩耍，作它们的主人需要有充足的体力和时间。

基本信息	
原产国	英国
种群	7
身高	58～71cm
体重	20～34kg

中型犬

威尔士史宾格猎犬
[Welsh Springer Spaniel]

它们不畏寒暑，可以适应日本的气候

威尔士史宾格猎犬的祖先是约1000年前生活在英国威尔士地区的犬。性格稳重，爱自己的主人，对小朋友也很友好。它们可以忍耐酷暑和严寒，是适合日本家庭饲养的品种。但有时过于温和的性格会使它们显得胆小。因此从小要让它们多见识外界，多接触陌生人和其他动物。

基本信息	
原产国	英国
种群	8
身高	46～48cm
体重	16～20kg

埃什特雷拉山地犬
[Estrela Mountain Dog]

它们高大有力，要当心突发状况

埃什特雷拉山地犬自古作为牧羊犬生活在葡萄牙中部的埃什特雷拉山脉，同时也是葡萄牙最古老的犬种。直到今日依然负责保护羊群免受狼的侵害，因此对声音和可疑人物有着很强的警戒心。可以说是非常适合作看门犬的。但要注意它们会本能地追赶移动中的物体。它们体型高大，有力，容易造成意外事故。必须训练它们能够服从主人的命令。

原产国	葡萄牙
种群	2
身高	62~72cm
体重	30~50kg

基本信息

澳洲牧牛犬
[Australian Cattle Dog]

拥有卓越的判断力，勇敢的牧牛犬

它们是经过不断改良后培育出的牧牛犬。它们会通过咬牛的足跟部来控制牛群。面对比羊更为狂躁的牛群，它们毫不畏惧，还会对牛群的状况做出精准的判断，是万能型的畜牧犬。家庭饲养时会对主人的指令做出正确判断，并迅速行动，可见它们的聪明。但由于太过聪明，有时也会有些神经质。

原产国	澳大利亚
种群	1
身高	43~51cm
体重	16~20kg

基本信息

中型犬

澳洲克尔皮犬
[Australian Kelpie]

工作热情极高的看家护院犬

这种犬是由19世纪苏格兰人来到澳大利亚时携带的牧羊犬,由澳洲野犬与边境牧羊犬交配产生。性格稳重,平时比较安静,但是对自己的工作有着很强的责任心,而且非常顺从。它们勇敢,对可疑人物会狂吠,有保护家人的意识。是很优秀的看门犬。

原产国	澳大利亚	
种群	1	基本信息
身高	43~51cm	
体重	11~20kg	

小型犬

澳大利亚丝毛梗
[Australian Silky Terrier]

美丽的外表下有着狂躁的性格

这种犬最大的特点在于名字里描述的丝线般美丽的被毛。它们外形高贵、优雅,但性格是非常暴躁的梗犬脾气。看见小动物会兴奋到无法控制。独立性强,从幼犬期开始就要严格进行服从性训练,否则会变得任性而无法控制。适合能够不厌其烦为它们定期打理被毛的主人饲养。

原产国	澳大利亚	
种群	3	基本信息
身高	22.5~23.5cm	
体重	3.5~5kg	

小型犬

澳大利亚梗
[Australian Terrier]

虽为梗犬，但性格温和，而且被毛容易打理

澳大利亚梗是在1880年前后，以约克夏梗为基础培育出的农场作业犬。负责驱赶老鼠和蛇。虽然它是梗犬，但是性格不强势，对主人和家人忠诚，也非常听话。性格开朗，是受到广泛喜爱的伴侣犬。被毛偏硬，每周梳理一次即可。需要定期修剪面部毛发。

原产国	澳大利亚	
种群	3	基本信息
身高	24.5～25.5cm	
体重	5～6.5kg	

大型犬

卷毛寻回犬
[Curly-Coated Retriever]

卷曲的被毛可以给身体保温

卷毛寻回犬是由圣约翰斯纽芬兰犬与各种水犬以及贵宾犬等交配而来的。是在英国培育出的适合在水边作业的工作犬。卷曲的被毛可以帮助它们保持体温，使它们可以长时间在水边进行作业。它们忠于主人，会充满热情地完成自己的工作。有很强的运动欲望，每天都需要长时间的散步。另外出于回收犬的本能，它们也很喜欢在水边玩捡球的游戏。

原产国	英国	
种群	8	基本信息
身高	62.5～69cm	
体重	32～36kg	

大型犬

卡累利亚猎熊犬
[Karelian Bear Dog]

勇于跟熊搏斗的猎犬

它们原产于芬兰与俄罗斯交界处的卡累利亚地区，其祖先是俄罗斯的猎犬，由捕猎熊改良而来。在日本的轻井泽地区曾频频发生熊袭击人类的事件，当时这种犬发挥了很大的作用。它们具备敢于直面大型动物的勇敢，以及独立思考的智慧。但它们独立性很强，不易顺服于人。因此很难作为家庭犬饲养。

基本信息	
原产国	芬兰
种群	5
身高	48~60cm
体重	17~28kg

中型犬

荷兰毛狮犬
[Keeshond]

性格开朗乐于社交的家庭犬，
缺点是会大量掉毛

它们是从斯堪的纳维亚半岛迁徙至德国，后来在荷兰得到改良的犬种。因此也有称其原产国是德国的说法。它们性格开朗，不仅对主人，还对陌生人、小孩子以及其他犬类都很友好。容易训练，可以说是理想的家庭犬。被毛厚实，不是很易打理。每周要彻底梳理两次，以免打结。换毛期会大量掉毛，每天都要梳理。

基本信息	
原产国	荷兰
种群	5
身高	43~55cm
体重	25~30kg

大型犬

库巴斯犬
[Kuvasz]

性格温顺，是曾工作在各种领域的工作犬

其祖先是由中国西藏地区的迁徙至匈牙利的游牧民族所携带的犬种。它们曾作为护卫犬、猎犬、畜牧犬等，参与不同的工作。它们对主人和家人温柔，但是对陌生人会表现出很强的警惕性。因此也是很优秀的看门犬。但它们具有攻击性，要着重进行服从性训练，主人必须要做到可以随时制止它们的行为。

基本信息	
原产国	匈牙利
种群	1
身高	66~76cm
体重	30~52kg

中型犬

克伦伯犬
[Clumber Spaniel]

性格安静沉稳，要注意避免肥胖

克伦伯犬确切的起源不详，名字源于参与培育的公爵领地克伦伯园。它们面部轮廓柔和，性格安静温厚。不爱乱叫，适合集体住宅饲养。但它们不耐酷暑严寒，需要在室内饲养并注意温度管理。需要从饮食和运动两方面进行控制体重，避免肥胖。但是要避免剧烈运动。

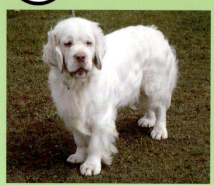

基本信息	
原产国	英国
种群	8
身高	43~51cm
体重	25~39kg

大型犬

美系秋田犬
[Great Japanese Dog]

从日本秋田犬进化而来

第二次世界大战后日本的秋田犬被美军带回美国。之后与其他犬种不断杂交，形成了现在的美系秋田犬。性格温柔，对主人和家人顺从。勇敢，护主意识强，很适合作看门犬。偶尔也有对其他犬类有攻击性的。要从幼犬期开始训练其社会性，避免散步途中发生攻击行为。

原产国	美国	
种群	5	基本信息
身高	60～71cm	
体重	34～59kg	

中型犬

克罗地亚牧羊犬
[Croatian Sheepdog]

从日本秋田犬进化而来

克罗地亚牧羊犬是自14世纪开始就已存在的古老犬种，但是即使在其原产国克罗地亚也非常稀有。它们服从主人命令，忍耐力、学习能力都很强，可以对其进行高水平的训练。性格沉着冷静，但不擅于接近陌生人。虽然轻易不会有攻击性，但是对陌生人态度冷淡。只有具有丰富饲养经验的主人才能得到它们的信赖。

原产国	克罗地亚	
种群	1	基本信息
身高	40～51cm	
体重	13～16kg	

中型犬

克罗姆弗兰德犬
[*Kromfohrlander*]

不同的被毛种类会使它们的外观大相径庭

它们是第二次世界大战后期攻入德国的联军士兵所携带的格里芬犬与刚毛猎狐犬杂交而来的。被毛分为两种，左侧照片中的粗毛呈现出猎犬的样貌。另一种为平毛，平毛则呈现梗犬的外形。性格上对主人忠诚，有爱心。梗犬特有的狩猎本能有所收敛。身材小，运动量偏少，比较适合新手饲养。

基本信息	
原产国	德国
种群	9
身高	38～46cm
体重	11～16kg

中型犬

克里兰梗
[*Kerry Blue Terrier*]

不断增长的被毛和大运动量成为饲养中的绊脚石

它们自古就作为猎犬和畜牧犬活跃在爱尔兰的大地上。在主人和家人面前非常活泼，但是面对陌生人警惕性很强。非常适合作看门犬。如果主人直接介绍陌生人给它们认识，它们也可以友好相处。性格上是很易相处的。但是它们对运动量要求高，被毛会不断生长，需要定期打理。因此只适合愿意为它们付出时间和金钱的人饲养。

基本信息	
原产国	爱尔兰
种群	3
身高	44～50cm
体重	15～18kg

大型犬

戈登赛特犬
[Gordon Setter]

性格温和的苏格兰猎犬

戈登赛特犬是唯一一种原产于苏格兰的猎鸟犬。关于它们的祖先可以追溯到1620年。19世纪20年代戈登公爵四世对其进行改良,形成了今天的样貌。性格温和活泼,对主人的指令也可以忠实地执行。只要训练好服从性,高水平的训练就不在话下。运动不足会让它们感到压力,早晚都要进行1小时的散步才能满足它们的需求。

原产国	英国	
种群	7	基本信息
身高	58～69cm	
体重	20～36kg	

小型犬

图莱亚尔绒毛犬
[Coton de Tulear]

水手饲养的狗狗,爱玩水

图莱亚尔绒毛犬名字本意为"图莱亚尔港的棉花"。图莱亚尔港是马达加斯加西部最大的港口。15—16世纪欧洲的水手将这种狗带入马达加斯加,后来又被带回法国。其优雅的外形被贵族们视为珍宝。它们因擅长捕鼠而受到船员们的喜爱。它们爱好运动,每天在散步之余加入玩水项目会让它们非常开心。

原产国	马达加斯加	
种群	9	基本信息
身高	25～30cm	
体重	5.5～7.0kg	

大型犬

可蒙犬
[Komondor]

想保持被毛美丽，需要时间和金钱

这种犬的特点是像脏辫一样的被毛。作为牧羊犬，它们在工作时需要用被毛保护自己不受外敌爪牙的伤害。因此人们对此类犬种进行了改良。它们是非常热爱工作的犬种，对主人忠诚。拥有很强的牧羊犬本领。也可以作看家护院犬。适合家庭饲养，但清理毛发需要花费相当多的时间。虽然需要一定的费用，但还是建议将这个工作定期交给专业宠物美容师来做。

原产国	匈牙利	基本信息
种群	1	
身高	55~80cm	
体重	36~59kg	

大型犬

萨尔路斯猎狼犬
[Saarloos Wolfhond]

样貌上隐约留存着狼的影子

萨尔路斯猎狼犬是1921年由荷兰饲养员利德·萨尔路斯培育出来的。由德国牧羊犬和欧洲狼交配而来，因此外形与狼略有相似之处。一旦认定主人便会顺从，但是如果主人指令前后不一，或是模棱两可有可能被其蔑视。需要有充分的饲养经验才能驾驭。

原产国	荷兰	基本信息
种群	1	
身高	60~75cm	
体重	36~41kg	

中型犬

四国犬
[Shikoku]

警惕性强，
面对陌生人会大声吠叫

四国犬是以斗犬著称的土佐犬的原型。1937年被日本指定为天然纪念物。曾经活跃在日本高知县附近的山区，参与捕猎熊和野猪。之后成为家庭犬，性格逐渐变得稳重。但是警惕性依旧很强，面对陌生人和动物都会激烈地吠叫，有时甚至有攻击性。需要从幼犬期开始对其进行社会性和服从性训练。

基本信息	
原产国	日本
种群	5
身高	46~55cm
体重	15~30kg

大型犬

德国短毛指示犬
[German Shorthaired Pointer]

不断改良进化的猎犬

在人类还在使用网子捕猎的时代，德国短毛指示犬就已经作为猎鸟犬而存在了。19世纪时，对英国波音达犬和寻血犬等优秀猎犬进行多次杂交后培育出这种更为优秀的猎犬。它们头脑聪明，忍耐力强，可以毫不费力地完成高难度的训练。有强烈的责任感和领地意识，非常适合作看家护院犬。另外其祖先曾奔跑于山野，因此它们需要高强度的运动。每天早晚至少各散步1小时。

基本信息	
原产国	德国
种群	7
身高	53~66cm
体重	20~32kg

中型犬

德国猎犬
[German Spaniel]

曾奔跑于山野，喜欢在坡路散步

19世纪后半期，德国的猎人们苦于寻求一种优秀的猎鸟犬。于是让嗅觉优越的休特巴犬和猎犬类的犬种进行交配，培育出了德国猎犬。它们是可以在山地、水边等各种地点工作的优秀猎犬。对主人顺从，但具有强烈的猎犬本能，具有攻击性。因此不适合新手饲养。需要的运动量大，仅仅在平坦路面散步无法满足它们。饲养这种犬要求饲主拥有很好的体力。

基本信息	
原产国	德国
种群	8
身高	45～54cm
体重	20kg左右

小型犬

德国猎梗
[German Hunting Terrier]

聪明但暴躁，需要彻底驯服

德国猎梗是第一次世界大战后以黑檀梗为基础培育而来的，是很优秀的猎犬。善于捕捉狐狸、浣熊、野鸭。它们身体强壮、精力充沛，头脑反应快。但是性格急躁，不适合新手及有孩子的家庭饲养。如有其他动物一起饲养也需要格外留意。如不能彻底驯服，有时会显示出攻击性。

基本信息	
原产国	德国
种群	3
身高	33～40cm
体重	7.5～10.0kg

中型犬

德国宾莎犬
[German Pinscher]

短毛且不易掉毛，易于打理

　　自古便被用于捕鼠和保护家畜。迷你宾莎犬和雪纳瑞都是从它们培育而来的。面对陌生人会显示出警惕性，但对主人顺从。属于短毛，而且不易掉毛，很好打理。好奇心强，散步途中遇见猫或老鼠的话会出于本能地追赶。要训练它们能够听从主人指令。

原产国	德国	基本信息
种群	2	
身高	41~50cm	
体重	11~16kg	

大型犬

德国刚毛波音达犬
[German Wirehaired Pointer]

不惧恶劣天气的优秀猎犬

　　这是以德国短毛波音达犬为基础，于1870年左右培育出的品种。坚硬的刚毛耐水性极佳，是既可以下水又可以在恶劣天气下持续工作的优秀猎犬。在原产国德国以及欧洲都有很高的人气。它们具有高智商、强大的忍耐力和健壮的身体。但性格略微固执，要从幼犬期开始训练服从性。新手饲养略有难度。

原产国	德国	基本信息
种群	7	
身高	57~68cm	
体重	25~32kg	

小型犬

斯凯梗
[Skye Terrier]

不要总缠着它们

斯凯梗是在苏格兰西北部的斯凯岛上自古被用于捕猎獾和水獭的犬种。现在它们身上的猎犬习性得到改良，成为赏玩犬。对主人和家人会表现出顺从的性格，但对陌生人则有很强的警惕性，不容易亲近。陌生人如果对它们纠缠不休很可能会引起它们的攻击。出于猎犬本能，它们非常喜欢运动。但是它们的躯干较长，容易对脊椎造成负担，要避免剧烈运动。

基本信息	
原产国	苏格兰
种群	3
身高	24～26cm
体重	8.5～10.5kg

大型犬

西班牙獒犬
[Spanish Mastiff]

心地善良的看家犬

西班牙獒犬的祖先是公元前2000年前后被带入西班牙的军犬。15世纪起成为牧畜犬，同时也是优秀的看家护院犬。性情温和，愿意参与训练，是理想的家庭犬。它们体型庞大，为了保持其身体健康，每日需要保证长时间、长距离的散步。严格管理膳食，避免肥胖，因此需要一定的饲养经验。

基本信息	
原产国	西班牙
种群	2
身高	72～82cm
体重	55～80kg

中型犬

平滑毛柯利犬
[Smooth Collie]

性格温和开朗，但有点神经质

平滑毛柯利犬曾经作为牧羊犬工作。初期头较大，体高较低，后来由于不断同苏格兰牧羊犬交配，形成了现在除了毛长不同以外基本和苏格兰牧羊犬相同的外形。它们性格和苏格兰牧羊犬一样温和、开朗、顺从，对小朋友也很友好。但是也有神经质的一面，要通过社会性训练加以改善。为了满足它们的本能，每天早晚需要各1小时的散步时间。

原产国	英国	
种群	1	基本信息
身高	51~66cm	
体重	18.0~29.5kg	

小型犬

平毛猎狐梗
[Smooth Fox Terrier]

活力满满的捕狐专家

正如其名，它们是捕狐专家。起初由于毛色和狐狸相同导致频频被猎人误伤，后来经过与猎犬类不断杂交形成了如今毛中普遍混有白色的状态。它们具有典型的梗犬性格，活力十足，行动力强，勇敢，警惕性强，因此可以成为很好的看家护院犬。但由于它们精力过于旺盛，容易与其他动物发生纠葛，饲养时一定要注意。

原产国	英国	
种群	3	基本信息
身高	38.5~39.5cm	
体重	6.8~8.2kg	

小明斯特兰德犬
[Small Munsterlander]

可与陌生人及小朋友友好相处的狗

它们源自德国西北部的城市明斯特，由大明斯特兰德犬与猎犬类交配后形成。它们有着卓越的嗅觉和结实的身体，是优秀的猎犬。性格开朗稳重，对主人顺从，对其他狗以及小朋友都可以温柔以待。新手也可以放心饲养。但是它们非常活泼，有很强的运动需求，不仅每天需要长距离的散步，还需要可供它们自由奔跑的空间。

基本信息	
原产国	德国
种群	7
身高	48~56cm
体重	14.5~15.5kg

北非猎犬
[Sloughi]

依靠非凡的视力和速度取胜

北非游牧民族柏柏尔人从几个世纪前就开始饲养北非猎犬。北非猎犬属于运用其卓越的视力进行狩猎的猎兽犬。它们发现远处的瞪羚或野兔后会发挥其优越的奔跑能力，一口气追上猎物并将其捕获，是猎人优秀的拍档。它们对主人和家人非常顺从，但也有神经质的一面。对陌生人绝不敞开心扉。因此要通过各种方式培养它们的社会性。

基本信息	
原产国	摩洛哥
种群	10
身高	61~72cm
体重	20~27kg

大型犬

中亚牧羊犬
[Central Asian Sheepdog]

与世隔绝的生存环境保留了它们原始的模样

它们在公元前就已存在于中亚土库曼斯坦一带。由于其生存环境与世隔绝，现在依旧保留着原始的样貌。曾是游牧民族为保护家畜所饲养的护卫犬，因此警惕性非常强。它们会观察所有靠近的人和动物，一旦判断有危险存在会果断采取攻击。对主人顺从，但并不是新手可以驾驭的类型。

原产国	中亚
种群	2
身高	60~78cm
体重	37~79kg

基本信息

中型犬

泰国脊背犬
[Thai Ridgeback Dog]

背部逆向生长的垄状被毛极具特点

泰国脊背犬是泰国东部的人们作为猎犬和看门犬所饲养的犬种。历史悠久，在约350年前的文献中就有关于这种犬的记载。由于交通不便，使它们不能与其他品种的犬种进行杂交，至今仍保留其最初的外观。它们身体肌肉发达，最大的特点是背部逆向生长的垄状被毛。性格稳重，对主人顺从，但独立性强，要驯服它们需要一定的技巧。

原产国	泰国
种群	5
身高	48.5~66.0cm
体重	23~34kg

基本信息

小型犬

丹迪丁蒙梗
[Dandie Dinmont Terrier]

头顶棉帽，稳重善良

丹迪丁蒙梗最大的特点在于头顶像棉帽子一样的毛发。相传，1700年左右在苏格兰和英格兰边境附近由当地的猎户培育而出来。性格不同于其他梗犬类的暴躁，非常稳重平和。虽然有倔强的一面，但是忍耐力强，对孩子也很宽容。新手饲养起来也毫不费力。但该品种属于易胖体质，要严格管理体重。

基本信息	
原产国	英国
种群	3
身高	20～28cm
体重	8～11kg

大型犬

乞沙比克猎犬
[Chesapeake Bay Retriever]

它们的祖先是在遇难船只上救下的两只小狗

1807年英国船只在美国乞沙比克附近海域遇难。当时从船上救出的两只幼犬成了这种犬的祖先。它们性格顺从、温柔，现在也会参与导盲犬的工作。头脑机灵，能够应对高难度的训练。但是正是由于它们聪明，才要求主人能够给予始终如一的指令，否则它们会发生反抗。因此不具备一定饲养经验的人是很难饲养它们的。

基本信息	
原产国	美国
种群	8
身高	53～66cm
体重	25.0～36.5kg

大型犬

藏獒
[Tibetan Mastiff]

它们是世界上所有獒犬的祖先

西藏人为了保护家畜而饲养藏獒。它们曾跟随亚历山大大帝的军队同行，与沿途不同地区的各种犬类杂交，诞生了各种獒犬。它们性格悠哉，多数时候是安静地趴在一旁。但是一旦有人入侵它们的领地，它们就会勇敢上前攻击对方。具备作为看家护院犬的实力。它们体型庞大，身强力壮，对于新手来说是很难驾驭的。

基本信息	
原产地	中国
种群	2
身高	61~71cm
体重	64~82kg

大型犬

苏格兰猎鹿犬
[Scottish Deerhound]

陪伴贵族及上流人士猎鹿的狗狗

人们为了猎鹿，将苏格兰高地古老品种的猎犬进行改良，培育出了苏格兰猎鹿犬。它们被皇室和贵族喜爱，在当时只有上流社会才被允许饲养这种犬。随着猎鹿活动不再盛行，饲养猎鹿犬的人们逐渐减少，使它们一度濒临灭绝。近年来作为展示犬又再次进入大家的视线。它们在幼犬期天真无邪，但成犬后会变得稳重。没有攻击性，会始终以冷静的态度陪伴主人。

基本信息	
原产国	苏格兰
种群	10
身高	71~76cm
体重	36.5~45.5kg

大型犬

杜高犬
[Dogo Argentino]

勇猛善斗的阿根廷斗犬

它们是于20世纪20年代后期由阿根廷土著斗犬与獒犬、斗牛梗等交配而来的。关于它们的诞生有两种说法。一种是"本就是以斗犬为目标而培育"，另一种是"起初是为了培育猎犬、看门犬，但后来逐渐被用于斗犬"。但无论哪种说法都体现出了它们的好斗性格。若能够做好服从性训练，它们就会成为善良的忠犬。但绝不是新手可以轻易掌控的类型。

基本信息	
原产国	阿根廷
种群	2
身高	60～69cm
体重	36～45kg

大型犬

西班牙加纳利犬
[Dogo Canario]

勇猛善斗的西班牙斗犬

15世纪时由西班牙人带入加纳利群岛的犬，之后不断与其他品种的犬进行交配，诞生了西班牙加纳利犬。它们曾从事看守农场及担任牧羊犬的工作。19世纪初开始成为斗犬，但是由于从1940年起岛内全面禁止斗犬活动，曾一度濒临灭绝。它们对主人忠诚，会全力守护家人和财产安全。但是其斗犬的好斗性格依然存在，不建议新手饲养。

基本信息	
原产国	西班牙
种群	2
身高	56～65cm
体重	40～50kg

大型犬

土佐犬
[Tosa]

驰名海外的斗犬，
要严格控制与其他犬类接触

它们于1800年前后诞生，是日本四国地区的土著斗犬与獒犬、牛头梗等交配而来的。在日本被称为最强的斗犬，在其他国家被称为日本獒犬，有着很高的人气。现在多被作为家庭伴侣犬饲养，但是它们并没有丧失斗犬的暴躁性格。一旦兴奋，就连经验丰富的饲主也难以控制。尤其是要充分注意避免土佐犬与其他犬类接触。

基本信息	
原产国	日本
种群	2
身高	55～60cm
体重	80～90kg

大型犬

那不勒斯獒犬
[Neapolitan Mastiff]

古罗马犬种的后代，
体型庞大，力大无比

其祖先是随亚历山大大帝所率领的罗马军队出征的军犬。高傲的外表看起来目中无人，藐视一切，但其实性格温和。对主人和家人非常顺从，但是对陌生人有很强的警惕性，适合作看家护院犬。易于饲养，但是由于体型庞大、力大无比，它们不起眼的小动作都可能引发大事故。因此要彻底进行服从性训练，需要有一定的饲养经验。

基本信息	
原产国	意大利
种群	2
身高	58～77cm
体重	50～70kg

中型犬

斯科舍诱鸭寻回犬
[Nova Scotia Duck Tolling Retriever]

被纳入中型犬行列的寻回犬

　　它们诞生于19世纪初的加拿大斯科舍半岛。原本是作为猎犬，担任引诱猎物和回收猎物的工作。性格开朗善良，是典型的寻回犬气质。对人和其他动物都很友好，是理想的家庭犬。寻回犬大多属于大型犬，但它们属于中型犬。非常适合希望饲养寻回犬，却又受居住环境和体力等条件无法饲养大型犬的人们。

基本信息	
原产国	加拿大
种群	8
身高	42.5~53.5cm
体重	17~30kg

中型犬

挪威猎鹿犬
[Norwegian Elkhound]

石器时代后期出现于欧洲的古老犬种

　　它们是非常古老的犬种，相传在石器时代后期它们就存在于斯堪的纳维亚半岛。原本是猎犬，由于参与捕猎鹿而得名。它们勇敢、谨慎，具备看家护院犬的能力。饲养上需要注意的是要满足它们强烈的运动欲望。它们有着与大型犬比肩的运动量需求，除了早晚各1小时的散步外，还需要给予自由玩耍的时间。

基本信息	
原产国	挪威
种群	5
身高	47~52cm
体重	22~23kg

小型犬

挪威卢德杭犬
[Norwegian Puffin Dog]

一种进化成可以攀登悬崖峭壁的犬

挪威卢德杭犬曾被用于捕获海鹦的雏鸟，因此英文名中包含有Puffin（海鹦）一词。海鹦的巢筑在悬崖峭壁之上，为了攀登，这种犬进化出了不同于其他犬种的特殊能力。为了能够紧紧抓住岩石表面，它们进化出了6根脚趾。另外，它们身体柔韧性佳，为了能够在难以站立的峭壁上保持身体稳定，它们前脚可以左右张开90度角，头可以仰至后背。是一种很特别的犬。

基本信息	
原产国	挪威
种群	5
身高	31～39cm
体重	5.5～9.0kg

中型犬

挪威布哈德犬
[Norwegian Buhund]

对状况有着极佳
判断能力的工作犬

挪威布哈德犬是自古生活在北欧的犬类。到了近代，在挪威西部得到改良，1920年首次参展。1939年成立了该犬种的爱犬俱乐部。学习能力和对状况的判断能力俱佳，可以承受高难度的训练。因此它们也活跃在警犬和介护犬的行列。适应性强，可以适应城市生活，但运动欲望强烈，如果不能得到满足会频繁吠叫。

基本信息	
原产国	挪威
种群	5
身高	41～46cm
体重	18kg左右

小型犬

帕森拉赛尔梗
[Parson Russell Terrier]

掉毛，与季节无关

　　帕森拉赛尔梗外形与杰克罗素梗相似，但是比同类犬种奔跑速度更快。"帕森"是"牧师"的意思，源于培育出这种狗的杰克罗素牧师。它们具有典型的梗犬性格，活泼调皮。被毛分为长、短两种，两种类型都是一年到头都会大量掉毛。尤其是短毛的品种，掉落的毛发会沾满沙发和布料，收拾起来有些麻烦。

基本信息	
原产国	英国
种群	3
身高	28~38cm
体重	5~8kg

中型犬

阿特西猎犬
[Basset Artesian Normand]

开朗爱社交，但有点爱叫

　　阿特西猎犬是17世纪由阿尔多斯犬和诺曼第犬交配而来的。曾和其他猎犬组队捕猎兔子和狐狸。近代以后也活跃在展示犬的行列中。在欧洲有着很高的人气。它们喜欢社交，与家人以外的人和其他狗都能建立良好的关系。它们叫声低沉而洪亮，因此不适合在城市和集体住宅饲养。

基本信息	
原产国	法国
种群	6
身高	30~36cm
体重	15~20kg

中型犬

布列塔尼托尼矮腿猎犬
[Basset Fauve de Bretagne]

微卷的背毛极易打理

　　布列塔尼托尼矮腿猎犬诞生于19世纪初的法国布列塔尼地区。之后作为猎犬博得了人们的欣赏，参与捕猎兔子、狐狸和野猪。但是在第二次世界大战时期由于局势的动荡导致数量剧减，一度濒临灭绝。之后被爱犬人士进行保护和培育，现在尤其在英国受到大家的喜爱。被毛呈钢丝状，容易打理。它们对主人忠实、顺从，适合家庭饲养。

基本信息	
原产国	法国
种群	6
身高	32~38cm
体重	16~18kg

小型犬

哈瓦那犬
[Havanese]

被上流社会喜爱的知性赏玩犬

　　哈瓦那犬是由贵宾犬与马尔济斯犬交配而来的，后被西班牙人带入古巴。因此也有称其原产国为地中海沿岸西部的说法。它们是受到上流阶层喜爱的赏玩犬，理性、沉着。可以与孩子和平相处。饲养上，它们的毛发容易打结，因此要注意认真打理被毛。运动时间不宜过长，短时间的散步即可。

基本信息	
原产国	古巴
种群	9
身高	20~32cm
体重	3~6kg

大型犬

匈牙利短毛指示犬
[Hungarian Short-haired Vizsla]

喜欢与主人一起工作

9世纪左右，生活在乌拉尔山脉的游牧民族马加尔人将这种犬带入匈牙利，并定居下来。18世纪起将它们作为狩猎犬的需求不断上升，19世纪这种犬在猎犬竞技大赛中取得了优异的成绩。它们性格活泼友好，喜欢自己的主人，喜欢在工作中与主人配合。对陌生人有些许警惕性，但没有攻击性。是比较容易饲养的犬种。

原产国	匈牙利	基本信息
种群	7	
身高	53~61cm	
体重	22~30kg	

大型犬

比利牛斯獒犬
[Pyrenean Mastiff]

虽然躲过了灭绝，但数量依旧稀少

它们的祖先是约3000年前迁徙至西班牙的藏獒。这些藏獒与当地的土著犬交配形成了今天的比利牛斯獒犬。第二次世界大战后曾濒临灭绝，至今依旧是稀有犬种。它们作为保护家畜的护卫犬会勇敢地与狼、熊搏斗，但平时性格非常稳重。即使其他狗朝它们吠叫，它们也对其不屑一顾。

原产国	西班牙	基本信息
种群	2	
身高	71~80cm	
体重	55~75kg	

大型犬

法老猎犬
[Pharaoh Hound]

一种有着4000多年历史的犬种

法老猎犬是早在公元前3000多年前就存在于埃及的犬种。它们的外形酷似埃及神话中的阿努维斯神，在当时是作为猎犬活跃在狩猎瞪羚的猎场上。公元前1000年左右，随人类进入马耳他岛，之后成为马耳他共和国的国犬。它们保留了最初的外形，气质高贵，性格温和、忠诚，易于训练。由于它们原产于温暖的国度，所以非常不耐寒。冬季要严格控制饲养环境的温度。

原产国	马耳他	
种群	5	基本信息
身高	53~64cm	
体重	20~25kg	

中型犬

田野猎犬
[Field Spaniel]

世界上最古老的陆地作业犬

田野猎犬是英国可卡犬的祖先。是陆地猎犬中最古老的犬种之一。由于一度人气下滑，以及被卷入第二次世界大战的战火，一时间数量仅剩数只，现在数量在逐渐恢复。它们对主人顺从，可以和孩子一起玩耍。对陌生人会疏远，但不会主动攻击，想和它们一起玩耍不过是时间的问题。

原产国	英国	
种群	8	基本信息
身高	44~48cm	
体重	16~25kg	

大型犬

法兰德斯畜牧犬
[Bouvier des Flandres]

动画片《法兰德斯的狗》的原型

法兰德斯畜牧犬原产于比利时与法国交界处的弗兰德斯地区，是动画片《法兰德斯的狗》的原型。它们除了担任畜牧犬的主要工作外，也会参与搬运、帮助旋转制作黄油的器具等工作，非常勤劳。现在畜牧方面的工作有所减少后它们便活跃于护卫犬和警犬的舞台上。它们会默默无闻地工作，也有喜欢对主人撒娇的一面。

原产国	比利时、法国
种群	1
身高	58～70cm
体重	27～40kg

基本信息

中型犬

普密犬
[Pumi]

对极为细微的声音也会有所反应

普密犬是以卷毛波利犬为基础，与梗犬、德国牧羊犬等交配而来的。人们曾运用它们卓越的嗅觉捕猎狐狸和兔子。性格中受到梗犬的影响，非常开朗活泼，比较暴躁又具攻击性。另外它们具有即使极小声音也会做出反应的习性。想在城市中饲养，需要严格训练。

原产国	匈牙利
种群	1
身高	33～48cm
体重	8～15kg

基本信息

中型犬

贝吉格里芬凡丁犬
[Petit Basset Griffon Vendeen]

狩猎时勇猛无畏，
其他时间都是爱撒娇的小甜甜

贝吉格里芬凡丁犬是以大巴赛特格里芬凡丁犬为基础，将其改良成了短腿的类型。它们非常勇敢，可以在茂密的荆棘丛中追赶猎物，主要负责捕猎兔子。一旦结束狩猎，它们就会非常喜欢待在主人和家人身边。它们独立，但略显顽固，只要悉心训练，就会成为受大家喜爱的家庭犬。

基本信息	
原产国	法国
种群	6
身高	33～39cm
体重	14～18kg

大型犬

寻血犬
[Bloodhound]

有着超凡嗅觉的搜救犬

寻血犬的祖先是7世纪在比利时修道院中饲养的犬。它们可以依据血的气味追踪受伤的猎物，于是人们利用它们卓越的嗅觉进行捕猎。这也是它们名字的由来。现在它们也依靠嗅觉搜救失踪人员，参与犯罪调查活动。虽然外表凶悍，但实际善良稳重。不仅对主人和家人，对其他动物也很宽容。它们需要巨大的运动量，如果可以克服这一问题，新手也可以饲养。

基本信息	
原产国	比利时
种群	6
身高	58～72cm
体重	36～56 kg

大型犬

布里犬
[Briard]

从牧羊犬到军犬，
活跃在各个领域的万能犬

　　古时候布里犬同其他犬种一起被称为草原犬，后来成为牧羊犬、看门犬和搬运犬。在两次世界大战中它们作为军犬被用于寻找负伤士兵和搬运弹药。在各种不同的场面中为人类做出了贡献。对主人和家人顺从，可以温柔地对待小朋友和幼犬。但对于陌生人有很强的警惕性，不会轻易放松警惕。

基本信息	
原产国	法国
种群	1
身高	56~69cm
体重	33.5~34.5kg

中型犬

牛头梗
[Bull Terrier]

曾经的斗犬，现在已被
改良成为比较容易亲近的性格

　　牛头梗是以已灭绝的英国白梗为基础，于19世纪初培育出的用于与公牛相斗的斗犬。1935年禁止斗犬后，经过改良消除了它们性格中好斗的一面，转型走向展示犬的舞台。因此牛头梗属于梗犬中比较容易驯服的品种。它们对主人和家人也会展示出忠诚的一面，但面对陌生人和犬类依然具有攻击的本能。它们力量大，爆发力强，饲养中要格外注意。

基本信息	
原产国	英国
种群	3
身高	53~56cm
体重	24~28kg

大型犬

牛头獒犬
[Bull Mastiff]

它们勇敢顽强，曾与狮子搏斗

正如其名，牛头獒犬是由斗牛犬与獒犬交配而来的。它们可以在夜间作为看门犬击退入侵者。还有记录称它们曾与狮子搏斗。它们勇猛顽强，现在也作为军队的警卫犬和警犬出色地完成自己的任务。在家庭中饲养该犬时，同时面对主人和家人，它们也有喜欢撒娇的一面，但遭遇可疑人物时会出手毫不留情。因此为了避免防卫过当要进行严格训练。

基本信息

原产国	英国
种群	2
身高	61~69cm
体重	41~59kg

中型犬

法国水犬
[French Water Dog]

它是很多种犬的祖先，连贵宾犬都和它有关联

法国水犬又名巴鲁比犬，是一种历史悠久的犬种。人们以它为基础培育出很多品种的犬类。大多数水犬的祖先都是法国水犬。另外也有传说，法国水犬也参与了贵宾犬的改良过程。它们羊毛状的卷毛耐水性极佳，是优秀的水边作业犬。性格友好，对主人的指令完全服从。但它们有些胆小，要从幼犬期开始培养它们的社会性。

基本信息

原产国	法国
种群	8
身高	50~60cm
体重	20~25kg

中型犬

法国猎犬
[French Spaniel]

讨厌寂寞，不喜欢独自看家

　　法国猎犬在16世纪前后是常见的猎鸟犬，但是后来人气下降，数量有所减少。到了19世纪，在喜欢该犬的佛亚尼耶神父手中得以"复活"。该犬性格善良，可以与家人和孩子建立良好的关系，有些胆小，不喜欢独自在家。因此不适合家中经常没有人的家庭饲养。

原产国	法国	基本信息
种群	7	
身高	56~61cm	
体重	19.5~20.5kg	

小、中、大型犬

秘鲁无毛犬
[Peruvian Hairless Dog]

从小型到大型，体型跨度很大

　　秘鲁无毛犬的祖先是至今2000~3000年前生存于秘鲁的犬种。在印加帝国曾被视为圣犬而受到该国人民崇拜。依据身材分为小型、中型、大型3种类型。这3种类型被视为同一犬种。虽然它们没有被毛，但是也需要细致的打理。为了保护它们的皮肤不受损，夏季要注意防晒，冬季要防止干燥。另外它们非常怕冷，冬季需要穿着犬用衣服。

原产国	秘鲁	基本信息
种群	5	
身高	25~65cm	
体重	4~25kg	

大型犬

贝加马斯卡牧羊犬
[Bergamasco Shepherd Dog]

毛毡状的被毛既能御寒，也可以保护它们不受外敌攻击

贝加马斯卡牧羊犬是曾经工作于意大利西北部的贝加莫地区的牧羊犬。标志性的被毛会随着生长逐渐变成毛毡状，具有良好的御寒、防水作用，不仅让它们可以适应极端气候，也可以起到防御外敌攻击的作用。进食和排便时非常容易弄脏毛发，因此在家庭饲养时可以将毛发扎起来保持清洁。另外这些被毛在夏季容易造成它们体温上升，建议剪成适当的长度。

基本信息	
原产国	意大利
种群	1
身高	56~62cm
体重	26~38kg

大型犬

比利时拉坎诺斯牧羊犬
[Belgian Shepherd Dog Laekenois]

可以完成高难度训练的聪明犬

比利时牧羊犬依据被毛的状态和毛色分为4种。其中小卷毛的品种就是拉坎诺斯牧羊犬。它是4种类型中性格最为温厚的一种。原本是作为护卫犬守护家畜和家人的，所以警惕性很强。

基本信息	
原产国	比利时
种群	1
身高	56~66cm
体重	20~30kg

大型犬

法国狼犬
[Berger de Beauce]

曾被用作军犬，性格十分稳重

法国狼犬原产于法国博斯地区，别名波什罗奇。作为牧羊犬有着悠久的历史。在两次世界大战中它们作为军犬负责运送弹药和探雷。战后数量锐减，近年来数量上有恢复趋势，但依旧属于稀有的犬种。它们是牧羊犬的祖先，警惕性高，可以看家护院。性格温和稳重，与孩子和其他宠物也可以友好相处。

原产国	法国	
种群	1	基本信息
身高	61~70cm	
体重	30~39kg	

中型犬

伯尔尼劳佛犬
[Berner Hound]

温和聪明的猎犬，在欧洲有很高的人气

伯尔尼劳佛犬是原产于瑞士的中型猎犬。在日本很少见，但是在欧洲有着很高的人气，是非常出色的猎犬。根据被毛颜色分为4种类型。每种类型的性格都略有不同。但总体上都是对主人顺从的温和性格。由于它们是优秀的猎犬，因此有着非常强烈的运动需求。散步之余还需要可以供它们自由运动的宽敞空间。因此对饲养的居住环境要求较高。

原产国	瑞士	
种群	6	基本信息
身高	46~58cm	
体重	15~20kg	

大型犬

霍夫瓦尔特犬
[Hovawart]

频繁的杂交使其险些灭绝

霍夫瓦尔特犬是一种有着悠久历史的犬种，曾出现在13世纪的文献中。20世纪初开始频繁杂交，导致它们险些灭绝。但在爱犬人士的努力下得以存留，并在其原产国德国成为十分受欢迎的犬种。它们曾是牧场的看门犬，因此责任心强，发现可疑人物就会激烈吠叫通知主人。但是平时都是安静温和的性格，新手也可以饲养。

原产国	德国	基本信息
种群	2	
身高	55~72cm	
体重	25~41kg	

大型犬

波尔多獒
[Bordeaux Mastiff]

它们曾为斗犬，要警惕突发状况

关于波尔多獒的起源有着多种说法。据说与曾存在于中世纪欧洲的一种大型犬有关。这种犬主要是斗犬、护卫犬、看门犬。斗犬活动被禁止后它们凶猛的性格被改良，成为家庭犬及展示犬。但是一旦被对手刺激到，就会激烈攻击对方。因此不建议没有该种犬饲养经验的人饲养。

原产国	法国	基本信息
种群	2	
身高	57~70cm	
体重	36~46kg	

大型犬

马雷马牧羊犬
[Maremma Sheepdog]

欧洲牧羊犬的祖先

马雷马牧羊犬作为牧羊犬有着悠久的历史，相传它们是欧洲各地牧羊犬的祖先。它们头脑聪明，对状况的判断能力和决断力都很好。但是它们高傲，自尊心强，不会轻易地屈服从于任何人。主人如果不能给予一贯性的指令，会被它们蔑视，导致难以继续训练。因此要以坚定的态度训练它们。

基本信息	
原产国	意大利
种群	1
身高	60~73cm
体重	30~45kg

小型犬

曼彻斯特梗
[Manchester Terrier]

在英国的酒吧里受到工人们喜爱

曼彻斯特梗是由善于捕鼠的黑檀梗与惠比特犬的祖先犬交配而来的。在19世纪的英国，很多酒吧通过利用该犬进行"狗捉鼠比赛"的方式招揽顾客，使它们受到平民阶层的喜爱。虽然同属于性格比较暴躁的梗犬类，但是相对而言它们属于比较容易掌控的类型。它们不耐孤独，长时间独自在家会让它们积累精神压力，导致在室内搞破坏。

基本信息	
原产国	英国
种群	3
身高	38~41cm
体重	5~10kg

小型犬

墨西哥无毛犬
[Mexican Hairless Dog]

自玛雅文明时期就已存在，
曾被赋予神名

墨西哥无毛犬历史悠久，相传自玛雅文明时期就已经存在了。别名佐罗兹英特利犬，名字源自神明的名字。曾被用于暖床犬和给病人保暖。另外在饥荒时也被拿来食用。由于它们体表几乎无毛，因此每日需要护理皮肤。要使用犬类专用的保湿霜防止皮肤干燥，冬季也要注意防寒保暖。

原产国	墨西哥	基本信息
种群	5	
身高	25 ~ 55cm	
体重	6 ~ 14kg	

大型犬

兰波格犬
[Leonberger]

仿照狮子培育出来的狗

兰波格犬是为了效仿德国兰伯格市徽章上的狮子模样而培育的。从此人气飙升，成为欧洲王室喜爱的犬类。它们体型巨大，脖颈周围的饰毛同狮子如出一辙。它们性格温厚，稳重，对主人顺从，学习能力很强。由于体型庞大，新手可能难以驾驭，但也不失为理想的家庭犬。

原产国	德国	基本信息
种群	2	
身高	65 ~ 80cm	
体重	34 ~ 50kg	

小型犬

罗秦犬
[Lowchen]

被吉尼斯认证的
"世界上最为稀有的狗"

罗秦犬由于经常被修剪成小狮子的造型，因此别名"小狮子犬"。自古生活于地中海沿岸各国，20世纪60年代人气下降，数量锐减。曾被吉尼斯世界大全认证为"世界上数量最少的狗"。它们非常聪明，有着优越的状况判断能力，因此它们马上就可以掌握基础性的训练。另外它们警惕性强，是优秀的看门犬。

原产国	法国	基本信息
种群	9	
身高	25~33cm	
体重	4~8kg	

大型犬

罗得西亚脊背犬
[Rhodesian Ridgeback]

身体素质出类拔萃，
敢于同狮子一决高低

罗得西亚脊背犬是唯一一种被公认为原产于非洲南部的狗。由非洲原住民所饲养的犬与獒犬、指示犬等交配而来。19世纪后期由于勇敢坚强成为猎狮犬。对主人十分忠诚，但是对陌生人却始终态度冷淡。由于它们的精力旺盛至极，所以不建议新手以及无法保证充足散步时间的人饲养。

原产国	非洲南部	基本信息
种群	6	
身高	61~69cm	
体重	30.0~36.5kg	

小型犬

俄罗斯玩具梗
[Russian Toy Terrier]

在其他犬杂交的过程中
诞生的新犬种

俄罗斯玩具梗的祖先是20世纪初被带入俄罗斯的英国玩具梗。因受到战争的影响，不仅俄罗斯国内的该种犬数量减少，而且还曾被禁止从英国带入俄罗斯，因此数量锐减。但是自20世纪50年代起由爱犬人士重新繁殖。在这个过程中诞生了俄罗斯玩具梗。该犬分为长毛和短毛两种类型。长毛型性格温柔，短毛型则更为活泼。

基本信息	
原产国	俄罗斯
种群	9
身高	20～26cm
体重	1.3～2.7kg

中型犬

罗曼娜水犬
[Romagna Water Dog]

人们依靠它们敏锐的
嗅觉寻找松露

关于罗曼娜水犬确切的起源不详。从外观看，推测是贵宾犬、梗犬等交配的产物。17世纪开始成为水边回收犬。之后利用卓越的嗅觉成为寻找松露的搜索犬。由于祖先属于狩猎犬，因此需要保证较多的运动量。另外它们喜欢挖洞，可能的话，请给予它们施展的空间。

基本信息	
原产国	意大利
种群	8
身高	41～48cm
体重	11～16kg

まるごとわかる 犬種大図鑑
若山正之・監修

Marugoto Wakaru Kensyu Daizukan
© Gakken
First published in Japan 2014 by Gakken Publishing Co., Ltd., Tokyo
Chinese Simplified character translation rights arranged with Gakken Plus Co., Ltd.
through Shanghai To-Asia Culture Co., Ltd.

©2021，辽宁科学技术出版社。
著作权合同登记号：第 06-2020-230 号。

图书在版编目（CIP）数据

犬种大图鉴 /（日）若山正之著；梁国威译 . — 沈
阳：辽宁科学技术出版社，2021.10
ISBN 978-7-5591-2073-1

Ⅰ.①犬… Ⅱ.①若… ②梁… Ⅲ.①犬—品种—世
界—图集 Ⅳ.① G829.2-64

中国版本图书馆 CIP 数据核字 (2021) 第 102257 号

出版发行：辽宁科学技术出版社
　　　　　（地址：沈阳市和平区十一纬路 25 号　邮编：110003）
印　刷　者：北京华联印刷有限公司
经　销　者：各地新华书店
幅面尺寸：170mm×240mm
印　　张：14.5
字　　数：300 千字
出版时间：2021 年 10 月第 1 版
印刷时间：2021 年 10 月第 1 次印刷
责任编辑：朴海玉
版式设计：袁　舒
封面设计：霍　红
责任校对：尹　昭　王春茹

书　　号：ISBN 978-7-5591-2073-1
定　　价：78.00 元

联系电话：024-23284367
邮购热线：024-23280336